W0255117

MikroComputer–Praxis

Die Teubner Buch- und Diskettenreihe für
Schule, Ausbildung, Beruf, Freizeit, Hobby

Becker/Mehl: **Textverarbeitung mit Microsoft WORD**
251 Seiten. DM 26,80

Buschlinger: **Softwareentwicklung mit UNIX**
277 Seiten. DM 38,–

Danckwerts/Vogel/Bovermann: **Elementare Methoden der Kombinatorik**
Abzählen – Aufzählen – Optimieren – mit Programmbeispielen in ELAN
206 Seiten. DM 24,80

Duenbostl/Oudin: **BASIC-Physikprogramme**
152 Seiten. DM 23,80

Duenbostl/Oudin/Baschy: **BASIC-Physikprogramme 2**
176 Seiten. DM 24,80

Erbs: **33 Spiele mit PASCAL**
. . . und wie man sie (auch in BASIC) programmiert
326 Seiten. DM 32,–

Erbs/Stolz: **Einführung in die Programmierung mit PASCAL**
2. Aufl. 240 Seiten. DM 24,80

Grabowski: **Computer-Grafik mit dem Mikrocomputer**
215 Seiten. DM 24,80

Grabowski: **Textverarbeitung mit BASIC**
204 Seiten. DM 25,80

Haase/Stucky/Wegner: **Datenverarbeitung heute**
mit Einführung in BASIC
2. Aufl. 284 Seiten. DM 23,80

Hainer: **Numerik mit BASIC-Tischrechnern**
251 Seiten. DM 26,80

Hoppe/Löthe: **Problemlösen und Programmieren mit LOGO**
Ausgewählte Beispiele aus Mathematik und Informatik
168 Seiten. DM 21,80

Klingen/Liedtke: **ELAN in 100 Beispielen**
239 Seiten. DM 26,80

Klingen/Liedtke: **Programmieren mit ELAN**
207 Seiten. DM 23,80

Koschwitz/Wedekind: **BASIC-Biologieprogramme**
191 Seiten. DM 24,80

Lehmann: **Lineare Algebra mit dem Computer**
285 Seiten. DM 23,80

Lehmann: **Projektarbeit im Informatikunterricht**
Entwicklung von Softwarepaketen und Realisierung in PASCAL
236 Seiten. DM 24,80

Lehmann: **Fallstudien mit dem Computer**
Markow-Ketten und weitere Beispiele aus der linearen Algebra
und Wahrscheinlichkeitsrechnung
256 Seiten. DM 24,80

Fortsetzung auf der letzten Textseite

MikroComputer–Praxis

Herausgegeben von
Dr. L. H. Klingen, Bonn, Prof. Dr. K. Menzel, Schwäbisch Gmünd
und Prof. Dr. W. Stucky, Karlsruhe

Erste Anwendungen mit dem IBM-PC

Von Wolfgang Mehl, Konstanz
und Otto Stolz, Konstanz

Unter Mitwirkung von
Angelika Burkhardt und Ralf Dierenbach

 B. G. Teubner Stuttgart 1986

CIP-Kurztitelaufnahme der Deutschen Bibliothek

Mehl, Wolfgang:
Erste Anwendungen mit dem IBM-PC / von
Wolfgang Mehl u. Otto Stolz. Unter Mitw.
von Angelika Burkhardt u. Ralf Dierenbach. –
Stuttgart : Teubner, 1986.
  (MikroComputer-Praxis)
   ISBN 978-3-519-02534-4   ISBN 978-3-322-94674-4 (eBook)
   DOI 10.1007/978-3-322-94674-4
NE: Stolz, Otto:

Gesamtherstellung: Beltz Offsetdruck, Hemsbach/Bergstraße
Graphische Gestaltung: Stefån Schwanke
Umschlaggestaltung: M. Koch, Reutlingen

Vorwort

Mit dem Erscheinen von "Personal Computern" hat sich einiges in der Welt der Datenverarbeitung getan:

Wir finden plötzlich mehrere hundert fertige Anwendungs–Programme vor, die nicht nur fast jedes denkbare EDV–Problem lösen können, sondern zudem noch auf unsere ganz persönlichen Anforderungen angepaßt und von nahezu jedermann bedient werden können.

Damit öffnet sich die bisher so ernste Computerwelt für jedermann, und wir finden eine Situation wie beim neuzeitlichen Automobil vor: wir müssen nur noch das Fahren mit den freundlichen Dingern lernen, das Bauen und Reparieren überlassen wir besser den eigens hierfür ausgebildeten Spezialisten.

Aus den vielen möglichen Anwendungen für Personal Computer (hier: mit dem Betriebssystem DOS) haben wir für Ihre ersten Fahrstunden die meistbefahrenen Wege herausgesucht: Textverarbeitung, Kalkulation, Datenverwaltung, Graphik. Sollten Sie trotzdem aus Notwendigkeit oder nur zum Spaß das Programmier–Handwerk erlernen wollen, tun Sie es gleich richtig: wir bieten Ihnen dazu Turbo–Pascal an.

Dieses Buch wurde mit *Microsoft Word* auf *IBM* und *Sperry* Personal Computern erstellt und auf einem *Agfa P400* Drucker ausgegeben. Herzlichen Dank den Firmen Bürotechnik Nowak (Singen) und Geschäftscomputer Ulrich (Konstanz) für die Bereitstellung der Personal Computer, der Universität Konstanz für die Möglichkeit der guten Druckausgabe und den Mitarbeitern des Rechenzentrums für die Mitgestaltung der kurvenreichen Fahrpläne. Besonderen Dank an Helmut Becker für einige Teile des Kapitels 3.

Konstanz, im November 1985   Wolfgang Mehl und Otto Stolz

Inhalt

1 Was ist das, ein Personal Computer?

1.1 Abgrenzung zu anderen Rechnern

1.2 Wo und wie werden Personal Computer eingesetzt?

1.3 Welche Personal Computer gibt es denn?

1.4 Der IBM Personal Computer

1.1 Abgrenzung zu anderen Rechnern

Personal Computer gibt es zwar erst seit ein paar Jahren, jedoch bereits in so großer Anzahl und in fast allen Arbeitsbereichen, daß man meinen könnte, jeder Computer sei ein Personal Computer.

Damit Sie nicht auch diesem Irrtum verfallen, teilen wir die große Computerwelt einmal in ganz grobe Klassen ein und sehen uns deren Leistungen und Einsatzgebiete an. Wir beginnen ganz unten:

Der Taschenrechner

> Batteriebetriebene, leichte und kleine Rechenmaschine überwiegend für den Haus- und Schulgebrauch. Die meisten Taschenrechner werden per Tastendruck programmiert und zeigen das Ergebnis der (meist einfachen) Berechnung als Zahl in einem Anzeigefeld an.

In der Regel muß man also die Daten (Ihre Zahlen) und Programme (die Vorschriften, wie diese Zahlen verarbeitet werden sollen) jedesmal neu über die Tastatur eintippen. Ein einfaches Programm zum Zusammenzählen der Zahlen 5 und 3 könnte etwa so aussehen:

5 + 3 =

Erst Taschenrechner der gehobenen Klasse können sich diese Dinge auch merken, manche auch nach dem Ausschalten des Stromes.

Was der Taschenrechner nicht kann: Texte verarbeiten, große Datenbestände verwalten, Grafik erzeugen, er hat keinen Bildschirm, kann nicht drucken.

Ein Taschenrechner besteht aus elektronischen Bauelementen (dem eigentlichen Rechner), der Tastatur und dem Anzeigefeld; alle diese Teile finden in einem Gehäuse Platz.

Der Home-Computer

Der Home-Computer unterscheidet sich vom Taschenrechner in zwei ganz wesentlichen Dingen: Erstens verfügt er über einen Bildschirm (manchmal ist das nur der zweckentfremdete Fernsehbildschirm der Familie), und zweitens kann er Daten und Programme (gleich mehrere) über beliebig lange Zeit hinweg aufbewahren.

Damit der Home–Computer seine Daten und Programme nicht vergißt, wenn man ihn ausschaltet, muß er sie irgenwohin schreiben, um sie bei späterem Gebrauch wieder lesen zu können. Dieses Schreiben zur späteren Wiederverwendung (Lesen) nennt man **Speichern**.

Home–Computer verfügen meist über **Magnetband–Cassettengeräte** zur Speicherung von Daten und Programmen. Genau wie bei den uns besser bekannten Musik–Cassetten werden die Daten (hier Töne, dort Zeichen) von einem ”Ton”–Kopf auf eine magnetisierbare Schicht (dem ”Ton”–Band) geschrieben und von dort wieder gelesen.

Aber auch **Disketten** finden wir als Speichermedien vor: das sind scheibenförmige ”Ton”–Bänder, die als größten Vorteil das schnelle Auffinden der gesuchten Information anbieten. Da geht's dem Rechner wie Ihnen: auf einer Langspielplatte finden Sie Ihr Lieblingsstück auch viel schneller, als wenn Sie erst eine ganze Cassette durchsuchen müßten.

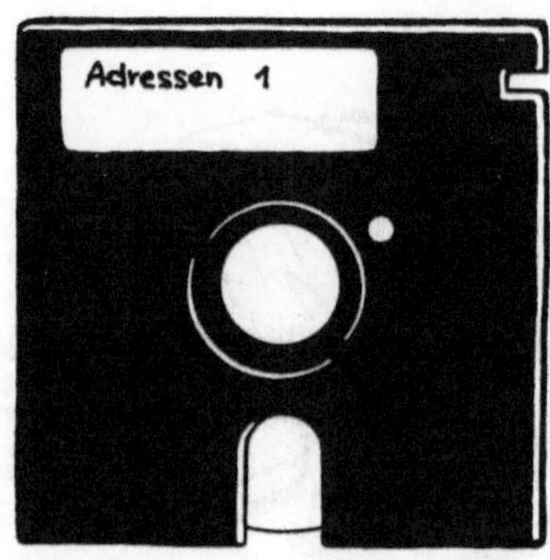

Auf einer Diskette finden etwa 100 bis 200 vollgeschriebene DIN-A4 Seiten Platz; sie kostet weniger als 10 DM.

Programme und Daten, die gerade "in Arbeit" sind, müssen im sogenannten **Hauptspeicher** zur Verfügung stehen: nur dort kann ein Computer rechnen. Keine Bange, wie man was in den Hauptspeicher reinkriegt, lernen Sie noch; hier nur: die Größe von Hauptspeichern wird in **Bytes** (1 Byte entspricht einem Zeichen) gemessen. Gute Home-Computer verfügen über 64K Bytes (1K = 1024; 64K sind also ungefähr 64000 Bytes. Vergleiche: 1 Km = 1000 m).

Für Home-Computer gibt es ein sehr großes Angebot fertiger Programme: für einige -zig oder -hundert Mark bekommt man ein Handbuch und eine Programmdiskette und kann gleich loslegen: Textverarbeitung, Spiele in allen Variationen, Grafik, Programme für besondere Zwecke sind erhältlich.

Ein Home-Computer besteht mindestens aus den elektronischen Bauteilen (eigentlicher Rechner plus Elektronik zur Ansteuerung des Bildschirms und der Cassetten- oder Diskettenlaufwerke) und der Tastatur. Oft finden wir die Elektronik in dem unteren Teil der Tastatur eingebaut. Der Bildschirm wird oft dem Wohnzimmer entliehen, Disketten- oder Cassettenspeicher werden als zusätzliche Erweiterungen angeboten. Erst neuere Home-Computer bieten alle Geräte "aus einem Guß" an.

Der Personal Computer

Der Personal Computer ist der kleinste Universalrechner für den professionellen Einsatz. Er findet auf jedem (kleinen) Schreibtisch Platz, ist leicht zu bedienen, nach dem Baukastenprinzip erweiterbar, der jüngste Sproß in der großen Computerfamilie, aber bereits schon jetzt das Spielzeug der Nation.

Zu Beginn der 80-er Jahre platzten die "Personal Computer" mit einem völlig neuen Konzept wie ein Knallbonbon in die große Computerwelt: kleine, jedoch leistungsfähige "Ein-Mann-Rechner" mit einem universellen Betriebssystem, das Aufgaben aus den verschiedensten Bereichen zu bearbeiten vermag, und einem Gerätekonzept, das den Anschluß vieler verschiedener Geräte erlaubt und unterstützt. Durch die rasch steigende Leistungsfähigkeit dringt der Personal Computer bereits in den Bereich der nächstgrößeren Rechnergattung vor.

Aufgrund der hohen Verbreitung dieser Rechner finden wir hier das größte Angebot an fertigen Programmen für jede erdenkliche Aufgabenstellung vor. Damit ist das Erstellen eigener Programme in der Regel überflüssig geworden. Lediglich Programme für ganz besondere Anwendungen oder und solche, die ganz speziellen Bedürfnissen angepaßt sein müssen, muß man selbst erstellen.

Ein Personal Computer besteht mindestens aus: Der **Zentraleinheit**, einem **Bildschirm**, der **Tastatur**. In der Zentraleinheit ist die gesamte Elektronik für den eigentlichen Rechner und für die Ansteuerung der externen Geräte, sowie ein bis zwei **Diskettenlaufwerke** und natürlich der **Hauptspeicher** enthalten. Gängige Hauptspeichergrößen sind: 64 KB (Minimalausbau) 256 KB (ausreichend für fast alle Anwendungen) bis zu 3000 KB (derzeit obere Grenze bei modernsten Personal Computern, z.B. dem IBM AT)

Manche Modelle verfügen über eine eingebaute **Festplatte**; Stellen Sie sich das wie einen Stapel fest eingebauter Disketten vor: der Rechner kann zwar schnell und viel darauf abspeichern, Sie können die Platten aber nicht wie Disketten austauschen.

Bildschirm und Tastatur des Personal Computers zeigen oft mehr Komfort, als von weit größeren Rechnern her gewohnt: Die Tastatur ist superflach, weist mehrere Tastenfelder für verschiedene Funktionen auf, der Bildschirm ist meist grafikfähig, oft auch schon in Farbe.

Natürlich gibt es neben dem Personal Computer noch eine ganze Palette ähnlich kleiner Rechner für ganz bestimmte Aufgabengebiete; diese werden auch in Zukunft ihre Daseinsberechtigung behalten – in unserem groben Überblick wollen wir hier jedoch nicht auf diese Arten eingehen.

Die Großen: Minis, Midis, Maxis

Größere Rechner und Großrechner sind stationäre (also fest installierte) Universal-Rechenanlagen, an denen mehrere Benutzer gleichzeitig verschiedene Aufgaben bearbeiten können. Sehr hohe Rechengeschwindigkeit, sehr große Datenspeicher und ein aufwendiges Betriebssystem, das viele Benutzer gleichzeitig verwalten kann, kennzeichnen diese Maschinen.

Das sind also die ganz harten Profi-Maschinen für den Einsatz in mittleren und größeren Betrieben, Banken, Universitäten, Instituten, Landratsämtern, Post, Wetterämtern und so weiter.

Da fast jede dieser Anlagen vom Hersteller nach ganz speziellen Wünschen des Käufers (oder Mieters) zusammengestellt wird, finden wir hier auch nicht so ein großes Angebot an fertigen Programmen wie bei den kleineren Rechnern vor. Ja, meist müssen die Programme, mit denen der Rechner später einmal arbeiten soll, erst alle neu geschrieben werden. Viele Firmen haben daher nicht nur ein Rechenzentrum, wo die Maschine steht und von "Operateuren" auf Trab gehalten wird, sondern auch noch eine eigene Programmier-Abteilung.

Sie sehen schon: obwohl Universalrechner, werden diese Maschinen meist nur für eine Aufgabenart "mißbraucht". Der Bankrechner rechnet jeden Tag Ihren Kontostand neu aus und schimpft mit Ihnen, wenn Ihr Urlaub zu teuer war, der Universitätsrechner übt geduldig Pascal und Fortran mit den fahrigen Studenten und läßt nebenbei das Haushaltskassenrechnungswesen "laufen", der Rechner auf dem Landratsamt führt Buch über alle Kraftfahrzeuge, An- und Abmeldungen und sagt am Jahresende, wieviele rote Autos in Konstanz umherfahren.

Das aufwendige Betriebssystem hat dabei die Aufgabe, allen Benutzern, die gleichzeitig (meist über Sichtgeräte) mit der Anlage rechnen wollen, jeweils ein winziges Stückchen vom großen Kuchen der teuren Rechenzeit zukommen zu lassen. Und zwar so, daß wichtige Benutzer ein etwas größeres Stückchen bekommen, aber auch so, daß möglichst keiner merkt, daß noch andere Benutzer da sind und auch Rechenzeit verbrauchen.

Eine größere Rechenanlage besteht mindestens aus: **Zentraleinheit**, die meist in mehreren Schränken Platz findet, mindestens einem **externen Speichermedium** (Magnetplatten, -Bänder), **Operateur-Bedienplatz**, ein bis viele weitere **Benutzer-Arbeitsplätze** (meist **Sichtgeräte**), mindestens einem **Drucker**.

Zu einer Großrechenanlage gehört noch: umfangreiche externe Speichermedien (große Magnetbänder, große Magnetplattenspeicher), mehrere Drucker mit verschiedener Druckqualität, oft ein Vor-Rechner zur Verwaltung der Ein- und Ausgabegeräte und -Vorgänge, graphische Ein- und Ausgabegeräte (Plotter, graphische Sichtgeräte, graphisches Tablett), oft ein klimatisierter Raum.

Und zwischen diesen beiden geschilderten Ausstattungen ist jede beliebige Stufe denkbar und möglich; maßgeschneiderte Anlagen sind die Regel, nicht die Ausnahme.

1.2 Wo und wie werden Personal Computer eingesetzt?

Personal Computer werden heute überall dort eingesetzt, wo

- kleine bis mittelgroße Aufgaben bearbeitet werden müssen,

- die Bearbeitung überwiegend durch eine Person erfolgen kann,

- keine besondere EDV-Umgebung (Rechenzentrum, große Datensammlungen, Operateure) erwünscht ist.

Dabei können für folgende Aufgabengebiete bereits fertige Programme aus der Schublade (des Händlers) gezogen werden:

- Textverarbeitung

- Datenverwaltung

- Tabellen-Kalkulation

- Graphik

- Programmierung (in fast jeder Programmiersprache)

Für die obengenannten Gebiete finden Sie jeweils ein Kapitel in diesem Buch. Doch weiter geht's:

- Finanzbuchhaltung

- Lohn- und Gehaltsabrechnung

- Lagerverwaltung

- Meßwerterfassung und -Verarbeitung

- besondere Programme für den Einsatz an speziellen Arbeitsplätzen: Programme für verschiedene Fabrikations- und Handwerkerbetriebe, Zahnärzte, Rechtsanwälte, Einzelhandel und viele weitere.

In der Ausbildung von Schülern, Studenten und EDV-Neulingen spielt der Personal Computer auch schon eine große Rolle: der Auszubildende kann an einer nicht allzu teuren Rechenanlage ein sehr breites Spektrum der Datenverarbeitung kennenlernen und danach eine bevorzugte Richtung intensiv vertiefen.

Darüber hinaus werden Personal Computer auch schon in **Netzen** eingesetzt:

- durch Kopplung mehrerer Personal Computer zu einem Netzwerk können alle Teilnehmer auf gleiche Datenbestände zugreifen, Drucker und andere Geräte gemeinsam nutzen.

- durch eine Verbindung zu einem Großrechner können Daten (und manchmal auch Programme) ausgetauscht werden.

- Mit Hilfe eines Telefon-Modems und den Diensten der Bundespost kann man von seinem Personal Computer aus Daten mit anderen Teilnehmern in der großen weiten Welt austauschen. Das können Rechenanlagen sein, die Informationen (zum Beispiel Literatur-Datenbanken oder eine Liste aller blonden weiblichen Heiratskandidatinnen mit Hang zum Computern) zum Lesen anbieten.

1.3 Welche Personal Computer gibt es denn?

Wir haben sie nicht gezählt, aber es gibt sicherlich schon etwa hundert verschiedene Marken und Typen im derzeitigen Angebot. Huch, sagen Sie, wer kennt sich denn da noch aus? Das ist ja schon fast so schlimm wie bei den Autos! Alle sehen sie ähnlich aus, und doch ist jedes anders! Nun, bei Personal Computern haben wir etwas mehr Glück: hier gibt es ein paar ganz massive Quasi-Normen.

Wir unterscheiden Personal Computer hauptsächlich nach dem verwendeten **Betriebssystem**, seiner verwandtschaftlichen Beziehungen (Sie hören hier oft den Begriff ”**Kompatibilität**” – gleich mehr dazu), seiner **Verarbeitungsgeschwindigkeit**, seiner **Ausbaustufe** und der Qualität von **Bildschirm** und **Tastatur**.

Die verschiedenen Betriebssysteme

Das Betriebssystem eines Rechners ist ein Programm, das für die Lauffähigkeit aller Teile des Rechners sorgt. Ohne Betriebssystem könnte Ihr Rechner gar nichts, nicht einmal einen getippten Buchstaben auf dem Bildschirm zeigen, geschweige denn Ihre Daten auf Diskette schreiben oder von dort wieder lesen. Auch alle weiteren Programme, die Sie benutzen werden, bauen auf dem Betriebssystem auf.

Die meisten Personal Computer (so auch Ihrer) verwenden das Betriebssystem DOS[2]. Wir werden uns im Kapitel 2 ausführlich mit dem Betriebssystem DOS beschäftigen.

Die verwandtschaftlichen Beziehungen

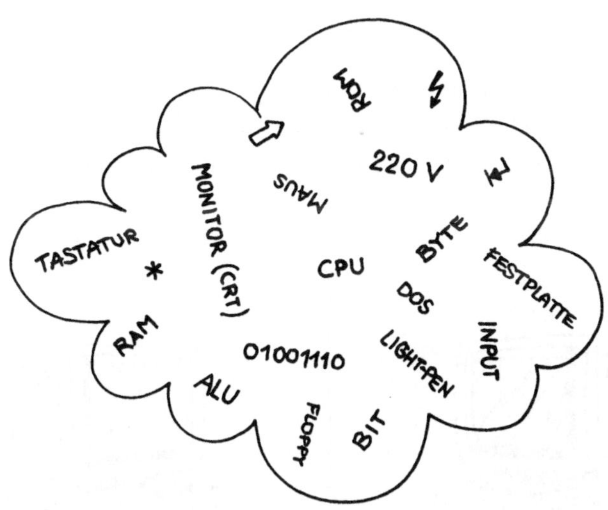

---

2 DOS: Disk Operating System (Disketten-Betriebssystem). Das Betriebssystem DOS (auch MS-DOS, PC-DOS) wurde von der Firma Microsoft (MS) für Personal Computer mit Diskettenspeicher entwickelt.

Die meisten Personal Computer "fahren" also das Betriebssystem DOS. Das bedeutet für Sie, daß Sie mit Ihrem einmal gelernten DOS-Wissen alle anderen Personal Computer mit demselben Betriebssystem bedienen können, ohne (viel) dazulernen zu müssen. Das bedeutet aber noch gar nicht, daß ein Programm, das auf dem einen DOS-Rechner "läuft", auch auf jedem anderen DOS-Rechner laufen muß! Woran liegt das? Nun, das kann folgende Gründe haben:

- Die beiden Rechner verwenden ein unterschiedliches Verfahren zum Schreiben und Lesen von Disketten. Der eine kann nicht lesen, was für den anderen bestimmt ist und umgekehrt. Das **Diskettenformat** ist **inkompatibel.**

- Die beiden Rechner kennen (trotz gemeinsamem Betriebssystem DOS) unterschiedliche interne Befehle, da sie **verschiedene elektronische Bauteile** eingebaut haben. Daher können Programme, die für den einen geschrieben worden sind, nicht auf dem anderen ablaufen.

Nur wenn ein Rechner sich in diesen wichtigen Punkten (und noch einigen weiteren) genauso verhält wie der IBM Personal Computer, darf er sich **kompatibel** nennen. Wozu? Natürlich zum "Industrie-Standard" des IBM Personal Computers!

Das Herz eines jeden PC: der Mikroprozessor

Der Mikroprozessor ist das eigentliche Rechentier in Ihrem Personal Computer. Er besteht meistens aus einem einzigen, super-integrierten elektronischen Bauelement. Allein an ihm liegt es, wie schnell Ihr Personal Computer rechnen (und schreiben und lesen und im Text blättern und ...) kann.

Aber auch die "interne Befehlssprache" eines Rechners ist vom Typ des verwendeten Mikroprozessors abhängig.

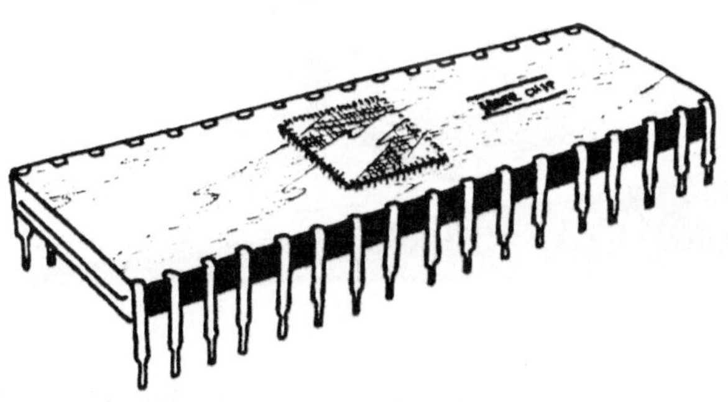

Nun, wir wollen hier keine Mikroprozessorkunde betreiben. Schlimm genug, daß Sie wissen müssen, daß es so etwas überhaupt gibt. Wir wollten uns ja eigentlich nur um die Anwendungen kümmern, erinnern Sie sich?

Festzuhalten gilt nur: Es gibt unterschiedliche Typen und Ausbaustufen von Mikroprozessoren. Neuere Typen sind meist schneller und können mehr leisten. Nur Rechner mit Mikroprozessoren aus der gleichen Familie (Baureihe) können kompatibel zueinander sein, wenn auch noch andere Dinge übereinstimmen, wie zum Beispiel das Diskettenformat und die Befehle zur Ansteuerung des Bildschirms.

Die Ausbaustufen

Personal Computer können in vier verschiedenen Bereichen ausgebaut werden:
der Größe des Hauptspeichers, der Anzahl, Art und Größe der externen Speicher
und der zusätzlich anschließbaren Geräte, der Art und Betriebsweise des
Bildschirms.

Hier finden wir ein derartig großes Angebot der verschiedensten Frisier-Sets auf
dem Markt, daß wir Ihnen an dieser Stelle keine ausführliche Aufzählung
zumuten wollen. Lassen Sie sich von Ihrem Händler beraten, was es für Ihren
PC alles gibt. Wenn Sie Ihren PC grafikfähig machen wollen, haben Sie zwei
Möglichkeiten: Sie können entweder den IBM Farbgrafik-Bildschirm anschließen
(mit zusätzlicher Hardware) oder durch Einbau der "Hercules Graphics Card"
Ihren Standard-Bildschirm grafikfähig machen. Die zweite Lösung ist viel
billiger und bietet eine bessere Auflösung als die erstgenannte an, dafür aber
keine Farbe.

Die Qualität von Bildschirm und Tastatur

Beim Vergleich von Bildschirmen verschiedener Hersteller fallen immer wieder solche Argumente wie "Anzahl der Bildpunkte", "Bernsteinfarbig oder Schokolade" (warum nicht Pink?), blendfrei, flimmerfrei, kontrastreich oder arm. Wir meinen: Man setze sich davor und gucke, die Augen sind immer noch die kritischsten Prüfer.

Genauso versucht man, Tastaturen nach "technischen" Gesichtspunkten zu beurteilen. Wo liegt welche Taste, wie groß ist sie, liegt sie an der gleichen Stelle wie bei meiner Schreibmaschine? Ist sie flach, hoch, knackt sie beim Tippen? Auch hier meinen wir: Setzen Sie sich an's Gerät, lassen Sie's knacken. Achten Sie darauf, daß die Tastatur Ihnen "gut in der Hand" liegt, daß die Tasten einen für Sie angenehmen Druckpunkt haben und in etwa dort liegen, wo Sie sie erwarten. Ich habe gemerkt, daß ich heute mit der Tastatur am besten schreibe, über die ich ein halbes Jahr lang geschimpft habe.

Bei vielen Personal Computern können Sie (gegen Aufpreis) einen anderen Bildschirm oder eine andere Tastatur erwerben – lassen Sie sich was zeigen!

1.4 Der IBM Personal Computer

IBM Personal Computer (IBM PC)

Das war der erste PC von IBM – er hat durch seine weite und schnelle Verbreitung einen Standard geschaffen: an ihm messen sich alle ”kompatiblen”.

Der IBM PC hat zwei Diskettenlaufwerke, einen grafik-nachrüstbaren Bildschirm, eine ordentliche Knack-Tastatur und kann von 64 KB Hauptspeicher bis 640 KB (für viele Anwendungen empfohlen: 256 KB) aufgerüstet werden.

IBM Portable Personal Computer (IBM PPC)

Der kleine tragbare Bruder des PC soll dem JetSet bei langweiligen Interconti-Flügen die Zeit verkürzen helfen: Auch auf ihm laufen viele lustige Spielprogramme (und natürlich auch die ernsten Anwendungen).

IBM Personal Computer XT (IBM PC XT)

Die "Extended"-Version des IBM PC verfügt über eine
eingebaute Festplatte als großen Datenspeicher; dafür mußte
ein Diskettenlaufwerk weichen. Für alle, die große Daten
"am Stück" bearbeiten wollen oder ihre Programme noch
schneller· starten müssen. Die Platte bietet 10 MB (10
MegaByte oder 10 Millionen Byte (Vergleiche: 1 Mega Watt
= 1 Million Watt)) Platz für Daten und Programme an.

IBM Personal Computer XT/370 und 3270
(IBM PC XT/370)

Das sind Personal Computer, die speziell zum Anschluß an
IBM-Großrechenanlagen entworfen worden sind. Wir gehen
an keiner weiteren Stelle dieses Buches auf diese Rechner
und deren Möglichkeiten ein.

IBM Personal Computer AT/01 und AT/02
(IBM PC AT)

Die Nachfolger des PC und des PC/XT ("advanced
technology") leisten erstaunlich viel mehr: Ein neuer
Mikroprozessor ist viel schneller (etwa Faktor 4), viele neue
Leistungen (auf die wir in diesem Buch nicht eingehen
werden) stehen zur Verfügung.

Aber: Auch dieser Nachfolger ist "IBM-kompatibel": er
kann die Disketten des IBM PC lesen und darauf schreiben,
(fast) alle Programme des PC laufen auf dem schnellen
Sproß. Nur leider nicht umgekehrt, aber das kann man ja
auch nicht erwarten.

Die Kompatiblen

Fast jeder Hersteller von Personal Computern bietet heute einen "IBM-kompatiblen" Rechner an. Wie schon erwähnt, dürfen diese Rechner nicht ganz kompatibel sein und sind es daher auch nicht. Die meisten Kompatiblen bieten jedoch nur Erweiterungen gegenüber dem IBM PC an, leider gibt es aber auch Modelle, die an einigen Stellen weniger bieten und sich trotzdem "kompatibel" nennen.

Wir nennen Ihnen hier keine Liste der Kompatiblen, sie wäre bereits veraltet, wenn Sie sie lesen. Lassen Sie sich daher von Ihrem Händler schriftlich die IBM-Kompatibilität in allen für Sie wichtigen Punkten garantieren, insbesondere was den späteren Ausbau des Rechners betrifft (Grafik, Kommunikation, Zusatzgeräte).

In diesem Buch werden wir uns ausschließlich mit dem IBM Personal Computer (und seinen "kompatiblen" Brüdern) befassen. Leider müssen wir an manchen Stellen auch auf einige "Tuning"-Teile eingehen – so zum Beispiel bei der Grafik, die uns doch sehr am Herzen liegt.

2 Was Sie über Ihren Computer wissen müssen

2.1 Die Bestandteile Ihres Personal Computers

Wir gehen hier davon aus, daß Ihnen ein IBM (oder kompatibler) Personal Computer mit folgendem Ausbau zur Verfügung steht:

- 256 KB Hauptspeicher-Ausbau

- mindestens ein Diskettenlaufwerk, besser zwei

- monochromer (nicht grafikfähiger) Bildschirm

- Standard-Drucker (Matrix oder Typenrad)

Weiter darf Ihr Personal Computer noch folgende Merkmale aufweisen:

- eingebaute Festplatte

- graphikfähiger Bildschirm

Ihr Personal Computer sieht also ungefähr so aus:

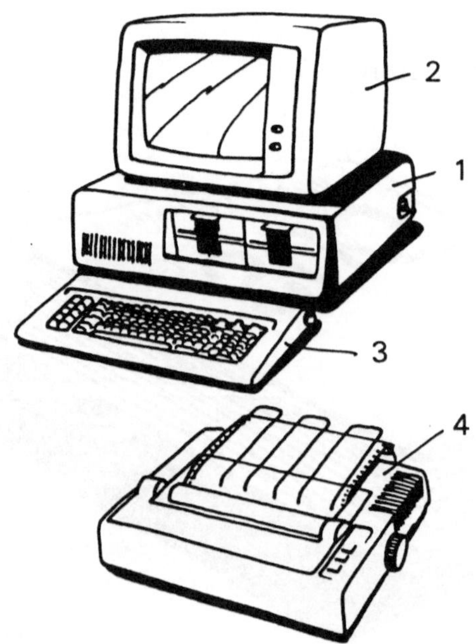

Die einzelnen Teileinheiten nennt man

1   **Zentraleinheit**. Sie enthält den eigentlichen Rechner, das Netzteil, Laufwerke für Disketten und (wenn vorhanden) eine Festplatte.

2   **Bildschirm**. Einfarbige Bildschirme nennt man "monochrom", mehrfarbige heißen "Color".

3   **Tastatur**. Fast alle Tastaturen für Personal Computer sind modern: flach, frei (am Kabel) beweglich und übersichtlich.

4   **Drucker**. Heute können Sie Drucker von 1000.– DM bis 100.000.– DM an Ihren PC anschließen: Hier gehen wir davon aus, daß Ihnen ein preiswerter "Standard–Drucker" zur Verfügung steht.

Wie Sie Ihren Personal Computer beim ersten Mal aufbauen, einschalten und zum "Laufen" bringen, entnehmen Sie entweder dem entsprechenden Handbuch des Herstellers oder fragen Ihren Fachhändler, bei dem Sie Ihr "Gutes Stück" gekauft haben. Genau dasselbe gilt für die Inbetriebnahme Ihres Druckers.

Die Tastatur[1] Ihres Rechners ist in mehrere Tastenfelder geteilt:

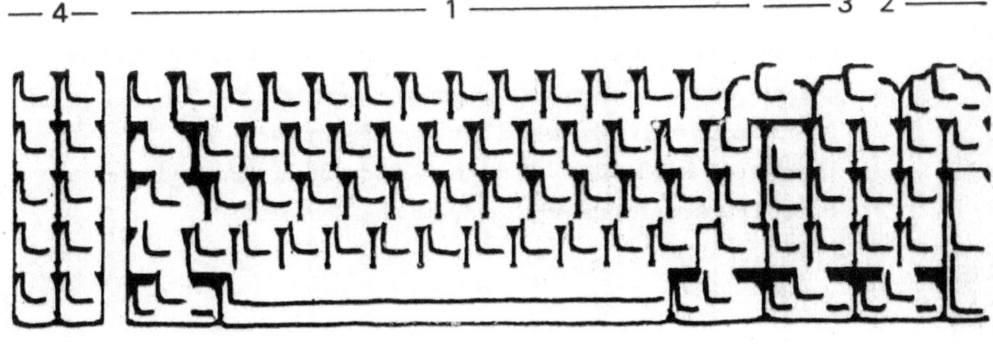

---

1 Wenn Sie einen anderen Computer als den IBM PC haben, kann die Tastatur anders aussehen. An der Einteilung der Tastatur in diese vier Gruppen ändert das aber nichts.

1   Die **Schreibtasten** (alphanumerische Tastatur) mit Buchstaben, Zahlen und Satzzeichen, wie Sie es von Ihrer Schreibmaschine her kennen;

2   Der **Ziffernblock**. Das sind Zahlentasten, die als rechteckiger Block wie auf einem Taschenrechner angeordnet sind;

3   Die **Pfeiltasten** (auch Cursor-Tasten genannt) mit je einem Pfeil für jede Richtung zur Ausführung von Bewegungen auf dem Bildschirm. Beim IBM Personal Computer sind diese Tasten mit dem Ziffernblock zusammengelegt;

4   Die **Funktionstasten**. Das sind 10 praktische Tasten, mit denen verschiedene Funktionen auf nur einen Tastendruck ausgeführt werden können;

5   einige **Umschalttasten**:

Shift (oder Hochstellung) schaltet für die Dauer des Drückens auf Großbuchstaben oder das obere Tastenzeichen um;
Caps Lock schaltet Dauer-Großbuchstaben ein und aus;
Alt (Alternate) und **Ctrl** (Control) schalten für die Dauer des Drückens andere Bedeutungen der nächsten gedrückten Taste(n) ein, die aber für jedes Programm anders sein können; deshalb erklären wir das auch erst an entsprechender Stelle;
NumLock und **ScrollLock** erklären wir Ihnen später;
PrintScreen schickt den Inhalt Ihres Bildschirms auf die Reise zu Ihrem Drucker (der natürlich eingeschaltet sein muß!).

Die Disketten

Die Diskette ist das Langzeitgedächtnis Ihres Computers. Wenn Sie Text oder Daten mit einem Ihrer Programme eingegeben haben, sind diese zunächst nur im Kurzzeitgedächtnis (dem sog. Haupt- oder Arbeitsspeicher) Ihres Personal Computers. Wenn Sie den Personal Computer ausschalten oder der Strom ausfällt, hat Ihr Computer Ihre Daten vergessen; Sie müßten sie hinterher also vollständig neu eingeben.

Um dieses unangenehme Resultat zu vermeiden, müssen Sie Ihre Daten bewußt und gezielt auf eine Diskette übertragen (lassen), wo sie dann dauerhaft gespeichert sind und Ihnen jederzeit in alter Frische wieder zur Verfügung stehen.

Disketten sind also, wie man sieht, notwendig und sehr nützlich. Nur leider sind sie auch sehr sensibel und nachtragend, wenn man Sie falsch behandelt. Wenn Sie im Umgang mit Ihren Disketten folgende Regeln beachten, werden Sie selten eine (Daten-) Panne erleben:

Die Diskette nicht an ihren Öffnungen berühren. Beim Anfassen den **Daumen auf das Etikett**.

Die Diskette nicht mit Staub, Schmutz oder Nässe in Berührung bringen; nicht ohne Schutzhülle auf dem Schreibtisch herumliegen lassen. Die Disketten immer in der Schutzhülle aufbewahren, alle Ihre Disketten gehören in einen **Disketten-Kasten**.

Das **Etikett** der Diskette nicht mit Kugelschreiber oder Bleistift sondern nur mit Filzstift beschriften – am besten schon vor dem Aufkleben.

Die Diskette nicht biegen, knicken und keinesfalls mit Heftklammern oder dergleichen versehen.

Die Diskette nicht zu heißen oder zu kalten Temperaturen aussetzen, insbesondere nicht in der Sonne liegen lassen.

Die Diskette nicht mit Reinigungsmitteln behandeln.

Die Diskette von jeglichem Magnetismus fernhalten. Magnetische Einwirkungen sind für Ihre Disketten äußerst gefährlich. Sie können zum Totalverlust all Ihrer gespeicherten Texte und Programme führen, ohne daß von außen etwas erkennbar wäre. Magnetische Felder können Sie mit keinem Ihrer Sinne wahrnehmen!

Die Festplatte

Wenn Sie sich auf Anraten Ihres Händlers oder eines guten Freundes einen Personal Computer mit Festplatte gekauft haben, müssen Sie nicht traurig sein; im Gegenteil: eine Festplatte bietet gegenüber Disketten eine erheblich höhere Speicherkapazität, d.h. Sie können wesentlich mehr Daten und Programme auf der Festplatte unterbringen, bis sie voll ist. Auf Dauer werden Sie aber auch ein paar Disketten brauchen, um von Ihrer Festplatte Dinge zu entfernen, die Sie nicht so häufig brauchen, aber auch nicht endgültig wegwerfen wollen.

Wenn Sie eine Festplatte haben, sollten Sie sich zuvor ausführlich im DOS-Handbuch über die Vorbereitung der Festplatte (vielleicht macht Ihnen das auch Ihr Händler), über die Sicherung des Inhalts der Festplatte mit dem Kommando BACKUP und über die Benutzung von Inhaltsverzeichnissen mit Baumstruktur informieren oder sich die Sache von jemanden, der's weiß, erklären lassen.

Haben Sie eine solche zusätzliche Festplatte (zu einem oder zwei Diskettenlaufwerken), so lesen Sie bitte trotzdem dieses Kapitel: das meiste gilt auch für Sie. Betrachten Sie in diesem Kapitel Ihre Festplatte einfach einmal als Diskette in einem zweiten Laufwerk, das den Namen "C:" trägt.

Der Arbeitsplatz "Personal Computer"

Für Ihre Gesundheit ist es ganz besonders wichtig, wie Sie Ihren Arbeitsplatz am Personal Computer (und allen anderen Sichtgeräte–Arbeitsplätzen) einrichten.

Da Gesetzgeber, Berufsgenossenschaften und Rechnerhersteller hierzu bereits genügend Merkblätter herausgegeben haben, wollen wir Sie hier nur kurz ermahnen: Schauen Sie in die entsprechenden Merkblätter, achten Sie auf korrekten **Standort des Bildschirms** (quer zum Sonnenlicht, spiegelfrei), ausreichend große **Arbeitsfläche**, korrekte **Sitzmöbel** und **Sitz–Haltung** (siehe Bild unten), ausreichend großen **Augenabstand** vom Bildschirm (mindestens 60 cm besser 80), ausreichende, blendfreie **Beleuchtung**.

Denken Sie immer daran: Ihre Gesundheit steht über allem Erfolg, den Sie jemals mit irgendwelchen Computern erreichen können!

Auch in der Fahrstunde stellen Sie zuerst Spiegel und Sitz Ihres Fahrzeugs korrekt ein!

2.2 Das Betriebssystem DOS[2]

Bevor Sie das Computerfahren auf den verschiedenen Straßen und Wegen
erlernen können, müssen Sie (wie in der Fahrstunde) zuerst einmal lernen, wo
alle Hebel, Knöpfe und Instrumente liegen und was sie bewirken und anzeigen.

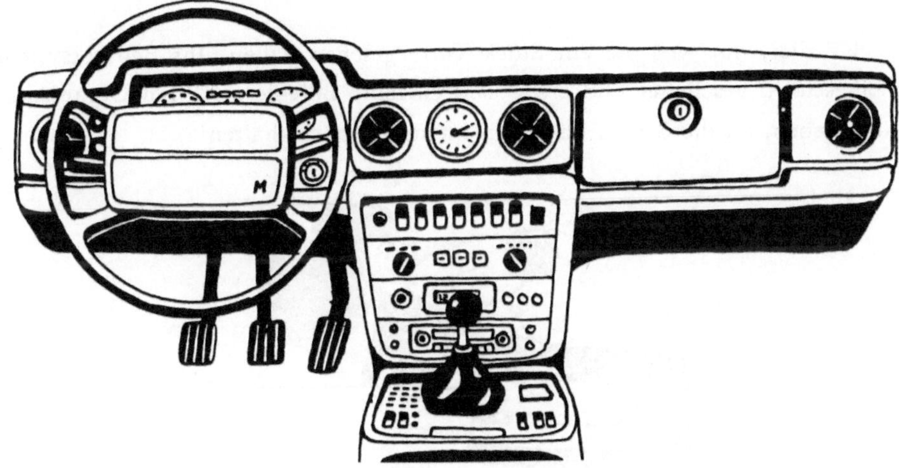

Ganz gleich also, wozu Sie Ihren Personal Computer benutzen wollen – zuerst
einmal müssen Sie dessen Betriebssystem (ein klein wenig) kennenlernen:

Was ist das, ein Betriebssystem?

> Unter einem Betriebssystem verstehen wir die Summe aller
> Programme, die das richtige Zusammenwirken aller
> Einzelteile eines (Personal) Computers bewirken.

---

2 DOS ab Version 2.0 aufwärts

Denken Sie einmal nach: Sie haben auch ein solches Betriebssystem. Meldet Ihr Auge ein Stück Schwarzwälder Kirschtorte in Sicht, beginnen sich die Pupillen zu weiten, der Hals wird länger, der Speichelfluß beginnt rasch einzusetzen und Ihr Gehirn beschäftigt sich plötzlich mit so banalen Fragen wie: "Reicht das Geld? Wieviele Kalorien? Wie komme ich ran?"

Und das alles, nur weil Sie ein Stück Torte gesehen haben. Ihr Betriebssystem hat blitzschnell geschaltet und etwa 1000 einzelne Befehle an Ihren Organismus weitergegeben, an die Sie im einzelnen niemals gedacht hätten!

Genauso ist das bei (Personal) Computern: das Betriebssystem sorgt dafür, daß der Buchstabe, den Sie gerade auf der Tastatur getippt haben, auf dem Bildschirm sichtbar ist und daß der Rechner merkt, welchen Sie getippt haben. Und wenn Sie einen Text vom Bildschirm auf Diskette bringen wollen, so teilt das Betriebssystem seinen Sklaven mit: "Lies die Zeile vom Bildschirm!", "werfe den Disketten-Laufwerks-Motor an!", "schreibe diese Zeile auf die nächste freie Spur 37 der linken Diskette!" und so weiter. Wenn Sie das alles selbst machen müßten, würden Sie den Computer wohl bald in die Ecke stellen und von Hand rechnen!

Das Betriebssystem ist also der "Koordinator", der "Dirigent" Ihres Computers. Sie müssen ihm nur noch sagen, welches "Stück" er "spielen" soll – das allerdings in seiner eigenen Sprache!

Wollen Sie zum Beispiel nachsehen, was alles auf der linken Diskette drauf ist, müssen Sie dem Betriebssystems Ihres Computers ein entsprechendes **Kommando** eingeben.

Alle Kommandos eines Betriebssystems nennt man **Kommandosprache des Betriebssystems**, und die Kommandosprache des Betriebssystems DOS schauen wir uns jetzt an.

DOS

Damit Ihr Computer überhaupt irgendetwas tun kann, braucht er einen gewissen "Bodensatz" des Betriebssystems. Und weil man auf Personal Computern verschiedene Betriebssysteme "fahren" kann, hat der Personal Computer auch noch keines dieser Betriebssysteme "eingebaut".

Nein, man muß es ihm zuerst zum Fraße vorlegen, geschickt in einer Diskette verpackt, aber dann geht es gleich los!

Aber Halt! Nicht irgendeine Diskette darf es sein, sondern eine "DOS-Diskette"! Denn nur auf dieser findet Ihr Personal Computer ein Betriebssystem, auf Ihren Programmdisketten (in der Regel) dagegen nicht!

Legen Sie Ihre DOS-Diskette vor oder gleich nach dem Einschalten Ihres Personal Computers in das Laufwerk "A:" (das linke)[3] ein und schließen Sie die Laufwerksklappe.

---

3 Vorsicht: Manche Hersteller von "Kompatiblen" Computern haben auch dies verbessert: Das Laufwerk "A" ist rechts oder oben oder unten, das Laufwerk "B" ist links oder unten oder oben! Schauen Sie bitte in Ihr DOS-Handbuch und kleben Sie ein großes "A" und "B" an die Laufwerke Ihres guten Stücks!

Aha, Sie sehen, es tut sich was: Die rote Laufwerkslampe leuchtet, der Rechner liest den Bodensatz des Betriebssystems von der Diskette.

Wenn Sie Ihren Personal Computer zum ersten Male eingeschaltet haben, bietet er Ihnen nun an, eine Sicherungskopie von der Original DOS Diskette anzulegen. Tun Sie, was Ihnen auf Ihrem Bildschirm vorgeschlagen wird, stecken Sie Ihre Original DOS Diskette danach in Ihren Panzerschrank und machen Sie dann mit Ihrer DOS–Kopie–Diskette und uns weiter:

Beantworten Sie nun die Frage nach Datum und Uhrzeit:

```
A>wtdatim
Datum ist: (TT-MM-JJ): 01-01-1980
Neues Datum eingeben:
22-6-85 (return)

Zeit ist: 00:00:01
Neue Zeit eingeben:
19:31 (return)
```

Lesen Sie unsere Befehls–Kästen bitte so:

Fettgedruckt sind die Ausgaben Ihres Personal Computers

Kursiv geschriebenes sollen Sie selbst eingeben. Tippen Sie das so
ab, wie Sie es lesen!

(Taste) Eingeklammertes stellt immer eine Taste dar. Suchen Sie
also diese Taste und drücken Sie sie!

Danach erscheint auf Ihrem Bildschirm das Zeichen:

```
A>
```

Dieses Zeichen (**Systemanfrage**) teilt Ihnen mit, daß Ihr Personal Computer nun
ein Kommando von Ihnen erwartet. Ihr Rechner befindet sich im **Betriebssystem–Modus**: Aus diesem Grundzustand können Sie alle Programme starten,
die Sie besitzen; und nach Beendigung des jeweiligen Programms kommen Sie
wieder hierher zurück und können Ihren Rechner wieder ausschalten.

Mit dem Buchstaben "A" zeigt DOS Ihnen gleichzeitig an, daß das Laufwerk
"A:" im Moment das **Standard–Laufwerk** ist. Mehr hierzu im Kapitel 2.7

Übung

Geben Sie Ihrem Computer einmal ein paar Kommandos, wenn dieser sie auch
nicht kennt! Tippen Sie irgendwas Lustiges ein und schauen Sie auf Ihrem
Bildschirm nach, was er dazu meint! Wenn Ihnen nichts besseres einfällt,
nehmen Sie "Putze mein Auto", "Flicke meine Socke"!

2.3 FORMAT: Neue Diskette formatieren

Als DOS-Benutzer müssen Sie wissen, wie Sie eine neu gekaufte Diskette in Gebrauch nehmen können. Das ist nicht so einfach, wie Sie zunächst vielleicht denken. Wenn Sie im Laden eine neue Diskette gekauft haben, dann können Sie diese nicht ohne weiteres verwenden. Ihr Personal Computer verweigert die Arbeit mit dieser Diskette, weil er Sie nicht als für Ihn bestimmt erkennen kann. Ihr Personal Computer ist nämlich ein Feinschmecker, er frißt nicht einfach "rohe" Disketten aus der Fabrik. Er möchte sie vorher "zubereitet" haben.

Zum Glück kann er sie aber selbst zubereiten, Sie brauchen ihm das nur zu sagen. Hierzu benötigen Sie das Kommando FORMAT. Falls Sie einen IBM PC mit zwei Diskettenlaufwerken haben[4], geht das nach folgendem Rezept.

-> Starten Sie Ihren Personal Computer mit dem Betriebssystem DOS, wie es vorhin beschrieben worden ist (nehmen Sie bitte die Kopie, das Original liegt ja im Panzerschrank).

-> Die DOS-Diskette lassen Sie im Laufwerk "A:" drin oder stecken Sie wieder hinein, falls Sie sie schon herausgenommen hatten.

-> Als nächstes tippen Sie den Befehl

```
A>format b:(return)
```

Danach erscheint auf dem Bildschirm die Anzeige:

Neue Diskette einlegen in Laufwerk B:
und anschl. eine Taste betätigen

---

4 Falls Sie einen anderen Personal Computer haben, müssen Sie im dazugehörigen DOS-Handbuch bei der Beschreibung des FORMAT-Befehls nachsehen. Falls Sie einen IBM PC/XT oder IBM PC/AT mit Festplatte haben, sollten Sie ebenfalls das zugehörige Handbuch zu Rate ziehen oder Ihren Händler fragen, damit Sie nicht versehentlich statt einer Diskette Ihre Festplatte formatieren, was einen Totalverlust der auf der Festplatte gespeicherten Texte und Programme zur Folge hätte.

-> Machen Sie sich klar: Wenn Sie zufällig eine "alte" Diskette formatieren, ist alles futsch, was bisher an Daten oder Texten auf ihr abgespeichert war!

-> Sie legen also eine **neue** Diskette ins Laufwerk B: und klappen das Laufwerk noch nicht zu, sondern halten nur Ihre Hand zum Zuklappen bereit.

-> Sie betätigen irgendeine Taste

-> Sobald am Laufwerk B: das rote Lämpchen angegangen ist, klappen Sie das Laufwerk zu.

Auf dem Bildschirm erscheint jetzt die Anzeige

Formatieren läuft ...

und Sie hören in regelmäßigen Abständen ein Knacken im Laufwerk "B:" Nach geraumer Zeit erscheint die Anzeige

Formatieren beendet
   362496 Bytes Gesamtplattenbereich
   362496 Bytes auf Platte verfügbar
Weitere Diskette formatieren (J/N)?

Wenn die Anzeige hiervon abweicht, kann das mehrere Ursachen haben:

-> Die Meldung nach Beendigung des Formatierens weist sog. "fehlerhafte Sektoren" aus.

Reaktion: Vorgang wiederholen, indem Sie auf der Tastatur *j* (für ja) eintippen und anschließend eine Taste betätigen.

Kommen dann wieder fehlerhafte Sektoren vor, können Sie diese Diskette an Ihre Kinder verschenken oder Ihre langgehegte Neugier stillen: Reißen Sie die Hülle auf und schauen Sie nach, wo die kleinen Männchen sind, die sich Ihre Daten so gut merken können. Jedenfalls sollten Sie diese Diskette nicht zur Speicherung wichtiger Daten verwenden.

Tip Viele Händler tauschen derartige Disketten, die sich nur schlecht oder garnicht formatieren lassen, gegen neue um. Fragen Sie mal nach.

->   Ihr Personal Computer hat eine anderes Disketten-Format.

> Reaktion: Sie sollten in Ihrem DOS-Handbuch nachsehen, ob die Meldung mit den dortigen Angaben übereinstimmt.

Wenn etwas anderes passiert ist, müssen Sie Ihr DOS-Handbuch zu Rate ziehen oder Ihren Händler fragen. Ist keiner der dargestellten Fehler aufgetreten, ist alles in Ordnung.

Sie können jetzt entweder eine weitere neue Diskette einlegen und formatieren, indem Sie "j" (für ja) eingeben, oder aber die Anfrage, ob eine weitere Diskette formatiert werden soll, mit "n" (für nein) beantworten.

Bei der Arbeit mit Ihren Programmen sollten Sie immer mindestens eine formatierte Diskette zur Hand haben, auf der genügend Platz für Ihre Daten ist. Am besten haben Sie immer eine leere, aber formatierte Diskette parat. (Für diesen Tip werden Sie uns eines Tages sehr dankbar sein.)

Übung

Formatieren Sie (mindestens) eine fabrikneue Diskette.

Diskette mit Betriebssystem formatieren

Benötigen Sie eine Diskette, auf der der Bodensatz des Betriebssystems bereits enthalten ist, können Sie das natürlich auch vom Kommando "FORMAT" verlangen.

Das ist zum Beispiel dann wichtig, wenn Sie sich eine weitere DOS–Diskette mit ganz persönlichen Kommandos zurechtmachen wollen, oder wenn Sie eines der gekauften Programme auf eine Diskette mit Betriebssystem bringen wollen[5]

Das Kommando zum Formatieren einer fabrikneuen (oder anderen) Diskette mit dem Bodensatz des Betriebssystems lautet:

```
A>format b: /s (return)
```

Weitere Dateien (Programme, Daten) können Sie mit dem DOS–Kommando COPY auf Ihre DOS-Diskette übertragen. Dieses Kommando lernen Sie im Kapitel 2.6 kennen.

---

5 Das geht natürlich nur bei Programmen, die nicht kopiergeschützt sind. Lesen Sie das bitte in dem Handbuch zu dem jeweiligen Programm nach!

2.4 Dateien in DOS

> Eine Datei ist ein Behälter für beliebige Daten (Texte, Zahlen, Bilder, Programme) mit einem eigenen Namen. Dateien werden bei Personal Computern meist auf Diskette gespeichert. Programme können Daten aus Dateien lesen und in Dateien schreiben.

Wenn Sie eine solche Datei anlegen wollen, zum Beispiel, indem Sie Ihren eingetippten Text in eine neue Datei eintragen lassen, brauchen Sie sich um fast nichts zu kümmern: nur den Dateinamen müssen Sie korrekt und nach den Vorschriften des Betriebssystems DOS angeben. Das ist ungeheuer wichtig, denn Sie wollen Ihren Text ja später einmal wiederfinden!

Für die Namensgebung von DOS-Dateien gelten folgende Vorschriften:

1   Der **Dateiname** darf bis zu 8 Zeichen lang sein, muß mit einem Buchstaben anfangen und soll keine Sonderzeichen enthalten. Beispiel: *KARIN, IBM5216, ZYPERN.* Groß-Kleinschreibung spielt dabei keine Rolle, DOS wandelt alle Ihre Buchstaben in große um.

2   Die **Zusatzbezeichnung** (mit einem *Punkt* vom Dateinamen abgetrennt) sagt etwas über dien Verwendungszweck der Datei aus; sie darf nur bis zu 3 Zeichen lang sein, aber auch ganz fehlen. Auch hier können Sie frei wählen, aber es bestehen bereits einige feste Vereinbarungen (siehe Tabelle unten).
Beispiel: *KERSTIN.XXX, SPEEDY.MK3, APFEL.KRN,* wobei XXX, MK3 und KRN Zusatzbezeichnungen sind.

3   Die **Laufwerksangabe** gibt an, in welchem Diskettenlaufwerk die Datei liegt. Fehlt die Laufwerksangabe, so denkt sich das Betriebssystem immer die Laufwerksangabe des "Standard-Laufwerks" hinzu! Die Laufwerksangabe steht vor dem Dateinamen und ist durch einen Doppelpunkt von diesem abgetrennt.
Beispiel: *A:KARL.TXT, B:DIPLOM.PRG, B:MIST*

4   **Leerzeichen** in Dateinamen sind strikt verboten!

Somit lautet die vollständige Dateibezeichnung in DOS:

Laufwerksangabe:Dateiname.Zusatzbezeichnung

Einige festgelegte Zusatzbezeichnungen:

.COM In dieser Datei steckt ein DOS-Kommando! Geben Sie dessen Namen (ohne Zusatzbezeichnung) ein, so rufen Sie dieses Kommando auf: Es wird sofort ausgeführt!

.BAT Auch hier steckt ein DOS-Kommando (oder sogar mehrere) drin!

.EXE In dieser Datei schlummert ein fertiges Programm. Tippen Sie seinen Namen (ohne .EXE) ein, so erwecken Sie es zum Leben.

.TXT Das Textverarbeitungsprogramm Microsoft Word legt alle Ihre Texte in Dateien ab, die (automatisch) diese Zusatzbezeichnung erhalten. Mehr dazu im Word–Kapitel.

.SIK heißt "Sicherungskopie". Manche Programme gehen besonders vorsichtig mit Ihren Daten um und legen immer eine Sicherungskopie an. Diese Datei hat dann den gleichen Namen wie die Originaldatei, nur die Zusatzbezeichnung lautet anders – z. B. eben .SIK.

.BAK Manche Programme nennen ihre Sicherungskopie "Backup": .BAK

.BAS In dieser Datei liegt die "Quelle" eines BASIC–Programms.

.PAS In dieser Datei liegt die "Quelle" eines Turbo–Pascal–Programms.

Andere Zusatzbezeichnungen werden Sie später bei den einzelnen Programmen noch kennenlernen.

Natürlich gibt es in DOS noch ein paar besondere Karten: Die Joker! Joker sind besondere Zeichen in Dateinamen, die für ein oder mehrere andere Zeichen stehen. Welche Joker es gibt und wie man sie benutzt, erfahren Sie im Kapitel 2.7

Übung

Lassen Sie sich einmal ein paar Dateinamen einfallen, schreiben Sie diese auf und überprüfen Sie anhand obiger Regeln, ob Sie richtig benamt haben! Scheuen Sie sich nicht, solche "Kreativitäts-Übungen" mit uns zu machen. Schulen Sie Ihre Kreativität möglichst oft – Sie werden sie im Umgang mit Ihrem Personal Computer noch benötigen!

2.5 DIR: Das Disketten–Inhaltsverzeichnis

> Das Kommando DIR (directory) gibt die Liste aller Dateien einer Diskette auf dem Bildschirm aus.

Also immer dann, wenn Sie eine neue (beschriebene) Diskette erstanden haben oder nicht mehr wissen, was auf einer Ihrer alten Disketten drauf ist, wenden Sie zuerst einmal DIR an: erst danach wissen Sie, ob das Gesuchte auch wirklich drauf ist und ob noch genügend Platz für weitere Daten vorhanden ist.

Geben Sie also ein:

> A>*dir (return)*

Sie sehen nun die Liste aller Dateien, die auf der Diskette im Standard-Laufwerk "A:" gespeichert sind, auf Ihrem Bildschirm nach oben rollen. Das könnte ungefähr so aussehen:

```
A>dir

   Kennsatz in Laufwerk A ist PC-DOS-KOPI

   Verzeichnis von  A:

COMMAND   COM    18256    9-08-83   12:00p
WTDATIM   COM     1540    9-08-83   12:00p
KEYBGR    COM     1573    9-08-83   12:00p
WMNOTES           689    1-01-80   12:10a
TEST      TXT      640    1-01-80   12:11a
AUTOEXEC  BAT       25    1-01-80   12:28a
AUTOEXEC  BAK       15    1-01-80   12:00a
        7 Datei(en)     316896 Bytes frei
```

In dem hier abgebildeten Beispiel sehen wir folgendes:

1   Die Diskette im Laufwerk ”A:” hat den Namen *PC–DOS–KOPI*.
    Sie können Ihren Disketten frei wählbare Namen geben, allerdings
    nur beim FORMATieren, später ist das nicht mehr möglich (siehe
    DOS–Handbuch).

2   In der darauffolgenden Tabelle finden Sie in jeder Zeile Angaben
    zu jeweils einer Datei.

3   Zwischen den Dateinamen (erste Spalte) und den Zusatzbezeich-
    nungen (zweite Spalte) fehlt der Punkt, den Sie selber aber *immer
    unbedingt* angeben müssen. Den haben die DOS–Erfinder
    offenbar an dieser Stelle vergessen.

4   In der dritten Spalte sehen Sie die *Größe* der Datei, angegeben in
    Bytes. Ein Byte entspricht dabei einem Zeichen: Haben Sie
    beispielsweise eine vollgeschriebene DIN–A4–Seite mit 60 Zeilen zu
    je 50 Zeichen, so sind das etwa 3000 Zeichen oder 3.000 Bytes auf
    Ihrer Diskette. (Auf einer Diskette finden etwa 360.000 Bytes
    Platz. Erinnern Sie sich noch?)

5   In der vierten und fünften Spalte sehen Sie Datum und Uhrzeit der Erstellung dieser Datei.

6   Aus der untersten Zeile des directory-Protokolls können Sie ersehen, wie viele Dateien auf der Diskette im Laufwerk "A:" angelegt worden sind und wieviel freier Speicherplatz Ihnen dort noch zur Verfügung steht.

Wenn nun mehr Dateien auf Ihrer Diskette als Zeilen auf Ihrem Bildschirm vorhanden sind, so können Sie gar nicht alles lesen: der Anfang der Liste rollt zu schnell nach oben hinaus. Sie müssen also lernen, wie man den Bildlauf anhält und danach wieder freigibt.

> Der Bildlauf wird durch die Tastenkombination *(ctrl)* (drücken und festhalten) und *(NumLock)* angehalten. Weiter geht's mit beliebiger Taste. Wir schreiben in Zukunft nur noch *(ctrl)(numlock)*

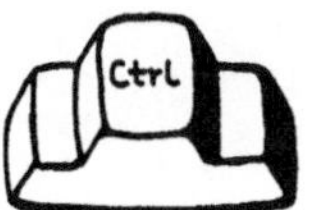

Gehen Sie also wie folgt vor:

-> Geben Sie nochmals das Kommando DIR ein. Gleich nach dem Drücken der (return)-Taste bringen Sie Ihre Finger in Position der Tasten (Ctrl) und (NumLock).

-> Jetzt erst blicken Sie auf die Mattscheibe. Und wenn die Datei-Liste fast ganz nach oben gerollt ist, schlagen Sie zu: erst (Ctrl) drücken und halten, dann (NumLock) drücken.

-> Haben Sie alles gelesen, können Sie den Bildlauf mit beliebiger Taste wieder freigeben.

Inhaltsverzeichnis über ein anderes Laufwerk

Wollen Sie sich informieren, welche Dateien sich auf der Diskette in einem anderen Laufwerk als dem Standard-Laufwerk befinden, müssen Sie einfach nach dem DIR-Befehl noch den Namen des Laufwerks angeben (mit Doppelpunkt!):

```
A>dir B: (return)
```

Dieser Befehl gibt Ihnen das Dateien-Inhaltsverzeichnis von der Diskette im Laufwerk "B:" auf dem Bildschirm aus.

Kurz–Inhaltsverzeichnis

Legen Sie einmal keinen Wert auf die Angaben über Uhrzeit und Datum der Erstellung aller Dateien und wollen dafür lieber alle Dateien (wenn auch viele) auf Ihrem Bildschirm aufgelistet haben, so bestellen Sie doch einfach das Kurz-Inhaltsverzeichnis:

```
A>dir /w (return)

Kennsatz in Laufwerk A ist RALF_SP1
Verzeichnis von  A:

COMMAND  COM   SK       COM   SK       HLP   EXIST    BAK
RAHMEN   PAS   EXIST    PAS   KEYBGR   COM   AUTOEXEC BAT
ZETTEL         RALF2    PAS   SCHRIFT  BAK   CMD      PAS
RAHMEN2  PAS   RALF4    COM   RALF4    PAS   RBAT
RBAT     BAT   RALFPP   PAS   RALFPP   OBJ   MENU     PAS
PPREAL   PAS   ABS      PAS   MENU     BAK   ABS      COM
ABS2     PAS   TEST     PAS   ABS3     PAS   SCHRIFT  PAS
ABS2     COM   SCHNELL  PAS   MENU     COM   SCHNELL  COM
ABS4     PAS   RRAHMEN  PAS   LOGO     PAS   LOGO     COM
ZETTEL   BAK   RLOGO    PAS

     38 Datei(en)      38912 Bytes frei
```

Übung

Bestellen Sie sich für jede Ihrer Disketten ein ausführliches und ein Kurz-Inhaltsverzeichnis auf den Bildschirm. Wenn Sie Ihren Drucker (nach Anleitung) schon betriebsbereit neben Ihrem Personal Computer stehen haben, können Sie ihn jetzt auch zum ersten Mal sinnvoll einsetzen: Drucken Sie das Inhaltsverzeichnis zu jeder Ihrer Disketten aus und legen es mit der Diskette in die Hülle! So wissen Sie immer, was auf Ihren Disketten drauf ist!

Das Ausdrucken eines Bildschirm-Inhalts erfolgt (bei eingeschaltetem Drucker) durch Drücken der Tasten (Shift) und (PrintScreen).

Pause

So, für die meisten Anwendungsprogramme genügt das: diese können jetzt (mit dem DOS-Bodensatz) alleine laufen. Schmeißen Sie die DOS-Diskette raus, legen die richtige "Programmdiskette" ein, blättern Sie auf die entsprechende Seite dieses Buches und legen Sie los!

Stecken Sie also ein Lesezeichen in diese Seiten und lesen Sie hier weiter, wenn Sie erste Erfahrungen mit Ihren Programmen gemacht haben. Nur, wenn Sie ganz besonders neugierig auf weitere DOS-Kommandos sind, lesen Sie gleich jetzt weiter.

2.6 Wichtige Grundbefehle: COPY, DEL, TYPE

COPY: Kopieren einer Datei

Verstehen Sie das Wort "Kopieren" bitte wie in Ihrer Umgangssprache: Kopieren Sie ein beschriebenes Blatt Papier auf Ihrem Fotokopierer, haben Sie hinterher zwei Blätter mit gleichem Inhalt. Genauso ist das mit Dateien: Kopieren Sie eine Datei (egal wohin), haben Sie hinterher zwei identische Dateien.

Wozu kopieren?

Stellen Sie sich vor, Sie möchten eine sorgfältig erarbeitete Text-Datei vor unbeabsichtigtem Verlust schützen! Die beste Methode dazu ist das Anlegen von möglichst vielen Kopien auf verschiedenen Disketten; verlieren Sie eine Diskette oder beschädigen sie so, daß sie nicht mehr lesbar ist, steht Ihnen immer noch die eine oder andere Kopie zur Verfügung. Die Texte zu diesem Buch haben wir immer dreimal gesichert: Diskette Eins, Zwei und Drei. Und immer nach dem Bearbeiten eines Textstückes wird die neue Fassung auf die beiden anderen Disketten kopiert.

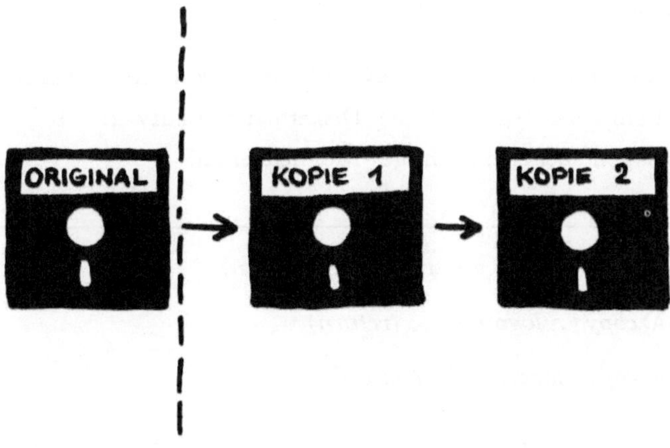

COPY ‹Quelldatei› ‹Zieldatei›

Mit dem Kommando COPY kopieren Sie also eine als ‹Quelldatei› bezeichnete Datei zu einem Ziel; dort steht Ihnen (nach erfolgter Kopie) die ‹Zieldatei› zur Verfügung.

‹Quelldatei› und ‹Zieldatei› sind "vollständige Dateibezeichnungen"; Sie können also in beiden Fällen Laufwerksname, Dateiname und Zusatzbezeichnung angeben.

Lassen Sie den Laufwerksnamen bei einer der Dateibezeichnungen weg, so nimmt das Betriebssystem den Namen des Standardlaufwerks (also "A:", wenn DOS sich mit "A>" bei Ihnen meldet, und "B:", wenn DOS sich mit "B>" bei Ihnen meldet).

Lassen Sie den Namen der Zieldatei weg, so bekommt die Zieldatei den gleichen Namen wie die Quelldatei. Das geht natürlich nur, wenn Quell- und Zieldatei auf verschiedenen Disketten liegen!

Sehen wir uns dazu einige Beispiele an:

> -> Kopieren der Datei LOGO.TXT von der Diskette im Laufwerk "A:" auf die Diskette im Laufwerk "B:" . Wir zeigen mehrere (richtige) Möglichkeiten:

```
A>copy  a:logo.txt  b:logo.txt (return)

A>copy  a:logo.txt  b: (return)

A>copy  logo.txt  b: (return)
```

->   Kopieren der Datei LOGO.TXT von der Diskette im Laufwerk ”A:” in die noch nicht vorhandene Datei LOGO.RES
auf der Diskette im Laufwerk ”A:” (wieder zeigen wir zwei
gleichwertige Möglichkeiten):

```
A>copy  a:logo.txt  a:logo.res

A>copy  logo.txt  logo.res
```

Nach diesem Kopiervorgang haben Sie nun zwei Dateien mit dem gleichen
Inhalt, aber unterschiedlichem Namen auf der Diskette im Laufwerk ”A:”,
nämlich LOGO.TXT und LOGO.RES.

Beachte: Existiert die unter ‹Zieldatei› angegebene Datei bereits,
wird sie ohne Warnung überschrieben. Der alte Inhalt dieser
Datei ist für immer verloren!

Überzeugen Sie sich also vor dem Kopieren einer Datei, ob bereits eine Datei
mit dem Namen ‹Zieldatei› besteht (Kommando DIR)! Und wenn ja, schauen
Sie erst hinein, bevor Sie diese Datei durch das Darüberkopieren löschen!

Übung

Legen Sie Ihre DOS-Diskette in das Laufwerk ”A:” und Ihre leere, aber
formatierte Diskette in das Laufwerk ”B:”. Informieren Sie sich mit dem
Kommando ”DIR /W” über alle Dateien auf Ihrer DOS-Diskette. Kopieren Sie
danach einzelne Dateien von der ”A:”-Diskette auf die ”B:”-Diskette. Lassen
Sie dabei einige Dateinamen unverändert, anderen wiederum geben Sie neue
Namen. Lassen Sie sich dabei etwas Lustiges einfallen, spielen Sie ein wenig mit
der Namensgebung herum!

DEL: Datei löschen

Wollen Sie eine Ihrer Disketten von unnötigem Ballast befreien (Sie haben jetzt ja eine ganze Schrott-Diskette!), können Sie eine oder gar alle Dateien auf dieser Diskette löschen.

Das dürfen Sie aber nur dann tun, wenn Sie ganz sicher sind, daß Sie diese Datei nie wieder brauchen! Denn Disketten sind heute so billig, daß Sie, wenn Sie sich nicht ganz sicher sind, lieber eine neue Diskette (um die fünf Mark) kaufen sollen, als eine Reihe von Dateien löschen, die Sie später vielleicht doch noch benötigen! Genug der Warnung, wie geht's also?

```
del <Datei>
```

<Datei> steht hier wieder für eine vollständige Dateibezeichnung, wie Sie sie ja schon mehrfach kennengelernt haben.

Leider erwähnt das Betriebssystem DOS mit keiner Silbe, daß es eben eine möglicherweise sehr wertvolle Datei gelöscht hat. Es nimmt einfach an, daß der Benutzer (das sind Sie) ganz genau weiß, was er tut!

Haben Sie trotzdem einmal eine oder mehrere Dateien versehentlich gelöscht, können Sie die Löschung nur mit den ”Norton Utilities”[6] wieder rückgängig machen!

Zwei wichtige Tips:

-> Überlegen Sie vor dem Löschen einer Datei immer, ob der Inhalt dieser Datei Ihnen nicht doch DM 5.-- wert ist; ungefähr soviel kostet nämlich eine neue Diskette.

-> Legen Sie sich eine ”Schrott”-Diskette an! Speichern Sie dort alle Dateien, bevor Sie diese auf anderen Disketten löschen!

Übung

Entnehmen Sie dem Laufwerk ”A:” Ihre DOS-Diskette. Legen Sie Ihre ”Schrott”-Diskette in das Laufwerk ”A:” ein und schließen Sie die Laufwerksklappe.

Löschen Sie nun eine nach der anderen Datei auf dieser Diskette. Überzeugen Sie sich zwischendurch immer wieder mit dem Befehl DIR vom Erfolg Ihrer Löschungen. Geben Sie auch ruhig einmal einen falschen oder unvollständigen Dateinamen an und beachten Sie die Meldungen des Betriebssystems

Haben Sie Mut zum Experimentieren, jetzt kann Ihnen (dank entnommener DOS-Diskette) ja nichts passieren.

Bemerken Sie: Hat Ihr Personal Computer erst einmal den Bodensatz des Betriebssystems DOS geladen, kann er auch ohne DOS-Diskette solch einfache Dinge wie DIR, COPY, DEL und noch einige weitere ausführen.

---

6 Die Norton Utilities sind eine Sammlung von hilfreichen Programmen, die Sie bei richtiger Verwendung Ihres Personal Computers zwar nie brauchen werden, die Ihnen aber in solchen Sonderfällen nützliche Dienste erweisen können. Fragen Sie Ihren IBM-Händler.

TYPE: Datei–Inhalt auf dem Bildschirm ausgeben

Wollen Sie wissen, was Sie in einer Datei abgespeichert haben, müssen Sie in diese Datei "hineinschauen"

Das tun Sie natürlich am besten mit dem gleichen Programm, mit dem Sie diese Datei bearbeitet und abgespeichert haben, denn nur dieses Programm kann ihnen den Datei–Inhalt so darstellen, wie Sie es gewohnt sind.

Eine Ausnahme gibt es doch:

> Besteht der Inhalt einer Datei aus lesbaren Textzeichen (und keinen anderen Informationen), so kann der Inhalt dieser Datei mit dem Kommando TYPE auf dem Bildschirm ausgegeben werden.

Nun, wie geht das also?

> TYPE ⟨Datei⟩

⟨Datei⟩ ist wieder eine vollständige Dateibezeichnung.

Beispiel:

```
A>type info.txt

Liebe Kollegen,
bitte besuchen Sie uns am Freitag,
den 8.7.1985, in Halle 5, Stand 23.
```

Sind in der Datei, deren Inhalt Sie mit TYPE auf den Bildschirm ausgeben lassen, mehr als 24 Zeilen enthalten, rollt der schöne Text wieder oben aus dem Bildschirm heraus! Aber Sie wissen ja noch, wie Sie den umgekehrt fließenden Wasserfall aufhalten können: *(Ctrl) (NumLock)* hält ihn an, eine beliebige Taste läßt ihn weiterfließen.

Übung

Geben Sie einmal den Inhalt verschiedener Dateien auf Ihrem Bildschirm aus. Informieren Sie sich vorher mit dem Kommando DIR, welche Dateien auf Ihrer Diskette abgespeichert sind und welche sich wohl für eine Bildschirmausgabe eignen könnten.

Geben Sie auch ruhig einmal eine andere Datei auf Ihrem Bildschirm aus: Sie sehen dann, daß Sie zwar jede Menge Informationen auf dem Bildschirm erhalten, diese aber nicht lesen können. Trösten Sie sich, diese Informationen sind auch nicht für Sie bestimmt, sondern für eins Ihrer Programme!

```
A>type autoexec.bat (return)

A>type command.com (return)

A>type keybgr.com (return)
```

2.7 DOS für Spezialisten

In diesem Unterkapitel werden Sie lernen, wie Sie sich das Leben mit Ihrem Computer leichter gestalten können.

Diese Leistungen sind nicht unbedingt notwendig zum Betreiben Ihres Personal Computers, deshalb sollten Sie das Kapitel erst lesen, wenn Sie schon einige Erfahrungen mit Ihren anderen Programmen gesammelt haben.

AUTOEXEC: Selbststartende Diskette anlegen

Bisher haben Sie sich vielleicht gewundert, warum und wie beim ”Kaltstart” Ihres Computers nach dem Einlegen der DOS–Diskette immer die gleichen Kommandos automatisch ausgeführt werden:

```
A>Keybgr

A>Wtdatim

A>REM The IBM Personal Computer DOS

A>REM Version 2.00 (C)Copyright IBM Corp 1981,1982,1983
```

Der Befehl KEYBGR stellt Ihre Tastatur auf deutsche Umlaute und Sonderzeichen ein, WTDATIM erfragt von Ihnen Datum und Uhrzeit, und REM (Remark) schreibt Ihnen ein paar nette Worte auf den Bildschirm.

Der Trick an der ganzen Sache ist der: Diese Kommandos stehen in der Datei AUTOEXEC.BAT[7]. Jedesmal beim Neustart Ihres Betriebssystems sucht dieses auf der Diskette im Standardlaufwerk, ob eine Datei mit diesem Namen vorhanden ist. Wenn ja, werden die Kommandos, die im Klartext in dieser Datei stehen, der Reihe nach ausgeführt. Dazu wieder eine Übung.

---

7   AUTOEXEC.BAT soll heißen: Datei, die beim Neustart des Betriebssystems automatisch (auto) ausgeführt (exec) wird. Der Namenszusatz .BAT (Batch) bedeutet lediglich, daß dies eine Kommando-Datei ist.

Übung:

Geben Sie den Inhalt der AUTOEXEC.BAT-Datei auf Ihrem Bildschirm aus:

```
A>type autoexec.bat (return)

KEYBGR
WTDATIM
REM The IBM Personal Computer DOS
REM Version 2.00 (C)Copyright IBM Corp 1981,1982,1983
```

Kopieren Sie nun von Ihrem Bildschirm aus (der heißt in DOS ”con” wie Konsole) die Kommandos KEYBGR, WTDATIM und DIR A: /W in die Datei AUTOEXEC.BAT, um jedesmal beim Start Ihres Computers eine Liste aller Dateien auf dem Laufwerk ”A:” zu erhalten:

```
A>      copy con autoexec.bat (return)
        keybgr (return)
        wtdatim (return)
        dir a: /w (return)

        (Ctrl)Z (return)

1 Datei(en) kopiert
```

Die Tastenkombination (Control)(Z) (Return) beendet diese komplizierte Eingabe. Wenn Sie die Meldung ”1 Datei(en) kopiert” erhalten haben, können Sie sicher sein, daß Ihre Wünsche auch in der Datei angekommen sind. Wenn nicht, haben Sie möglicherweise nur das *(ctrl)(Z) (return)* falsch eingetippt! Taste *(Ctrl)* halten, Taste *Z* drücken, beide loslassen, *(return)* drücken! Puh!

Nun aber los: Rechner ausschalten, Rechner wieder einschalten und gucken, ob alles so ausgeführt wird, wie Sie's beabsichtigt haben. Wenn nicht, müssen Sie die beiden letzten Kästen nochmal genau anschauen.

Die Systemanfrage

Erinnern Sie sich? Die Systemanfrage teilt Ihnen mit, daß Ihr Personal Computer nun ein Kommando von Ihnen erwartet. Ihr Rechner befindet sich im Betriebssystem–Modus: Aus diesem Grundzustand können Sie alle Programme starten, die Sie besitzen; und nach Beendigung des jeweiligen Programms kommen Sie wieder hierher zurück und können Ihren Rechner wieder ausschalten:

A>

Die Systemanfrage sagt Ihnen aber noch mehr: Das ”aktuelle Laufwerk” heißt im Moment ”A:”. Alle Befehle, die Sie nun eingeben, beziehen sich auf das Laufwerk ”A:”.

Das heißt also: Wollen Sie ein Programm von einer Diskette starten, so muß diese Diskette im Laufwerk ”A:” liegen. Wollen Sie dauerhaft auf ein anderes Laufwerk als Standard–Laufwerk umschalten, geben Sie bitte ein:

```
A>B: (return)
B>
```

Sie sehen: sofort nachdem Sie *B:* und *(return)* eingetippt haben, hat Ihr Rechner auf das Laufwerk ”B:” umgeschaltet. Dieses Umschalten kann dann wichtig sein, wenn Sie ein Programm von einer Diskette, die im Laufwerk ”B:” liegt, starten wollen.

Übung

Stellen Sie die Systemanfrage mehrmals um! Auch auf eine Laufwerksangabe, die es für Ihren Computer gar nicht gibt!

Joker in Dateinamen

Für die vielen Fälle, wo Sie Ihrem Betriebssystem mitteilen wollen "Alle Dateien, die mit .EXE aufhören" oder "Alle Dateien, die mit TEXT anfangen und danach beliebig heißen" und so weiter, hat DOS eine Erleichterung für Sie parat: Joker in Dateinamen.

Geben Sie also einen Dateinamen, der einen Joker enthält, in einem beliebigen Kommando ein, so erlauben Sie damit DOS, an die Stelle des Jokers beliebige Zeichen einzusetzen – solange, bis der Dateiname mit einem bestehenden Dateinamen auf der angegebenen Diskette übereinstimmt.

Natürlich ist es nur sinnvoll, Dateinamen mit Joker auf bestehende Dateien anzuwenden. Soll eine Datei neu erstellt werden (zum Beispiel mit dem Kommando COPY), so ist die Angabe eines Jokers im Dateinamen unsinnig!

Im Betriebssystem DOS gibt es zwei verschiedene Joker:

?	Das Fragezeichen steht für ein beliebiges Zeichen an beliebiger Stelle im Dateinamen und/oder der Zusatzbezeichnung.
*	Der Stern steht für beliebig viele Zeichen an beliebiger Stelle im Dateinamen und/oder der Zusatzbezeichnung.

Beispiele:

TEXT.* Alle Dateien, die TEXT heißen und eine beliebige Zusatzbezeichnung (0 bis 3 Zeichen) haben.

***.TXT** Alle Dateien, die als Zusatzbezeichnung .TXT haben

KAP?.TXT Alle Dateien, die nach KAP ein beliebiges Zeichen und die Zusatzbezeichnung .TXT haben

. Sonderfall: Alle Dateien

Sinnvolle Anwendungen

Joker in Dateinamen können Sie in folgenden Kommandos sinnvoll anwenden: DIR, COPY, DEL.

Beispiel: DIR über alle .TXT-Dateien auf der Diskette im Laufwerk "A:"

```
A>Dir a:*.txt (return)
```

Übung:

Geben Sie mehrere DIR-Befehle auf Ihre Diskette im Laufwerk "A:" ab! Lassen Sie dabei immer nach anderen Dateinamen-Joker-Kombinationen suchen und überprüfen Sie, ob Sie richtig gereizt haben!

Kommandoprozeduren in DOS

Stellen Sie sich vor, Sie möchten sich ein neues, eigenes Kommando erstellen und es in Zukunft wie ein ganz normales DOS-Kommando benutzen! Kein Problem, wenn sich dieses Kommando aus den anderen DOS-Kommandos "zusammenstricken" läßt, wenn es also lediglich mehrere andere DOS-Kommandos hintereinander ausführen soll.

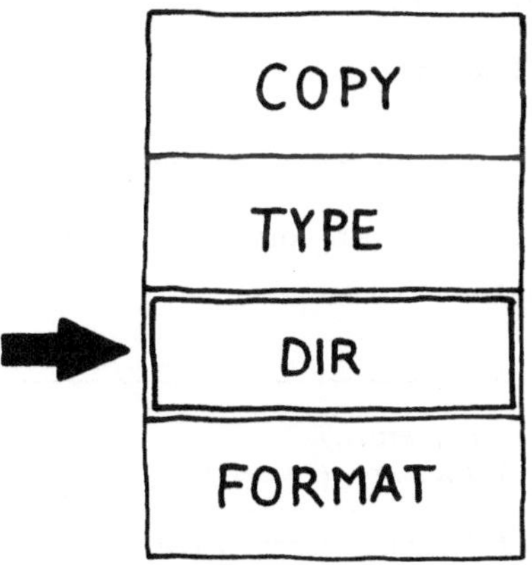

Nehmen wie also einmal an, Sie wollten sich ein Kommando "HILFE" erstellen. Das soll Ihnen alle DOS-Kommandos auf dem Bildschirm anzeigen, die Sie bisher kennen – und natürlich auch, was sie bewirken!

Sie müssen sich also ähnlich wie bei der AUTOEXEC.BAT-Datei eine Batch-Kommandodatei anlegen. Diese heißt jetzt "HILFE.BAT". In diese Datei tragen Sie nun all das ein, was das Kommando HILFE beim späteren Aufruf für Sie tun soll.

Das sind genau zwei Dinge: Erstens den Bildschirm löschen (das geht mit dem Kommando "CLS", Clear Screen) und zweitens den Inhalt einer weiteren Datei auf dem Bildschirm ausgeben. In dieser weiteren Datei – wir nennen sie einmal HILFE.TXT – stehen nun die eigentlichen Hilfe-Texte. Diese können Sie bei Bedarf immer wieder (vielleicht mit Word) aktualisieren.

Übung

Zuerst erzeugen wir also die Kommando–Datei HILFE.BAT:

```
A>      copy con hilfe.bat (return)
        cls (return)
        type hilfe.txt (retrun)

        (Ctrl)Z (return)

    1 Datei(en) kopiert
```

Weiter: Nun geben Sie (diesmal noch mit dem Kommando COPY, später mit Word) den ersten Hilfe–Text ein:

```
A>      copy con hilfe.txt (return)
        Kommando   Wirkung  (return)
        ------------------------------------------------(return)
        CLS        Bildschirm löschen (return)
        COPY       Datei(en) kopieren (return)
        DIR        Disketten–Inhaltsverzeichnis (return)
        DEL        Datei(en) löschen (return)
        FORMAT     Diskette formatieren (return)
        TYPE       Datei-Inhalt ausgeben (return)

        (Ctrl)Z (return)

    1 Datei(en) kopiert
```

Nun probieren Sie Ihre erste Kommando–Prozedur gleich einmal aus: Geben Sie Ihr neues Kommando "HILFE"! Dann sollte doch sofort auf Ihrem Bildschirm zu lesen sein:

```
Kommando  Wirkung
----------------------------------------------------
CLS       Bildschirm löschen
COPY      Datei(en) kopieren
DIR       Disketten-Inhaltsverzeichnis
DEL       Datei(en) löschen
FORMAT    Diskette formatieren
TYPE      Datei-Inhalt ausgeben
```

An Ideen für weitere Kommando-Prozeduren mangelt es Ihnen sicherlich nicht:

"SAVE": Kopieren aller Text-Dateien von der Diskette im Laufwerk "A:" auf die Diskette im Laufwerk "B:".

"SYSDISK": Formatieren einer neuen Diskette im Laufwerk "A:" mit Betriebssystem, Kopieren aller benötigter Kommandodateien auf diese neue Diskette.

Der IBM Grafik-Zeichensatz

Der IBM Personal Computer verfügt über einen Zeichensatz mit 256 Zeichen. Darin sind sowohl alle Buchstaben, Ziffern und Sonderzeichen enthalten, als auch besondere Steuerzeichen (zum Beispiel für Ihren Drucker) und weitere **Grafik-Sonderzeichen**.

Diese Sonderzeichen finden Sie allerdings nicht auf Ihrer Tastatur wieder, sondern müssen sie aus der **IBM Zeichensatz Tabelle**[8] entnehmen. Dort finden Sie zu jedem der 256 Zeichen eine **dreistellige Nummer**, die Sie zur Eingabe des Zeichens brauchen. Die Zeichen des IBM Grafik-Zeichensatzes werden mit folgender Tastenkombination eingegeben:

---

8 Den IBM Grafik-Zeichensatz finden Sie im **Technischen Handbuch** zu Ihrem Computer oder auch auf der Rückseite der Tastaturschablone, die Sie mit Ihrem Rechner erhalten haben.

(alt) (dreistellige Nummer)

Verwenden Sie dabei immer die Zehnertastatur rechts neben der Schreibtastatur.

Übung

Geben Sie einmal ein paar Grafikzeichen über Ihre Tastatur ein. Wenn Sie keine Zeichensatztabelle haben, geben Sie Zeichen über (128) ein.

PRINT: Datei-Inhalt ausdrucken

Alle Ihre Programme haben eine spezielle Funktion zum Drucken Ihrer Texte oder Daten für Sie parat. Wollen Sie dennoch einmal den Inhalt einer Datei auf Ihrem (betriebsbereiten) Drucker ausgeben tun Sie es bitte so:

PRINT <dateiname>

DOS – wie geht's weiter?

In diesem Kapitel haben Sie gelernt, was das Betriebssystem DOS für Sie tun kann und wie es im Prinzip funktioniert. Wollen Sie weitere DOS-Befehle kennenlernen (und es gibt noch eine ganze Menge!), so müssen wir Sie ab nun auf Ihr DOS-Handbuch verweisen. Denn in dem ausführlichen Stil dieses Kapitels würden wir locker unser ganzes Buch mit DOS vollkriegen!

Aber Sie sind ja jetzt fit genug, die Computer-Sprache in Ihrem DOS-Handbuch verstehen zu können. Lassen Sie uns daher die restlichen Seiten dieses Buches mit anderen Dingen vollschreiben: den schönen, hilfreichen und spaßmachenden Anwendungsprogrammen.

3 Textverarbeitung mit Microsoft Word

3.1 Eine erste Sitzung mit Word

3.2 Die Steuerung des Programms Word

3.3 Formatieren: Das Aussehen der Texte gestalten

3.4 Word für Spezialisten

Zur Textverarbeitung mit Computern gehören fünf Dinge, nämlich: Text

* eingeben

* speichern

* ändern

* bearbeiten lassen

* ausgeben

Dabei verstehen wir unter "Text" alles, was man mit der Tastatur in so eine Rechenmaschine reinkriegen kann. Gute Textverarbeitungsprogramme (wie zum Beispiel Microsoft Word) bieten alle diese Funktionen zusammen und in einer einheitlichen Form an.

Wir teilen den großen Bereich der Textverarbeitung dabei in einzelne **Anwendungsklassen** ein:

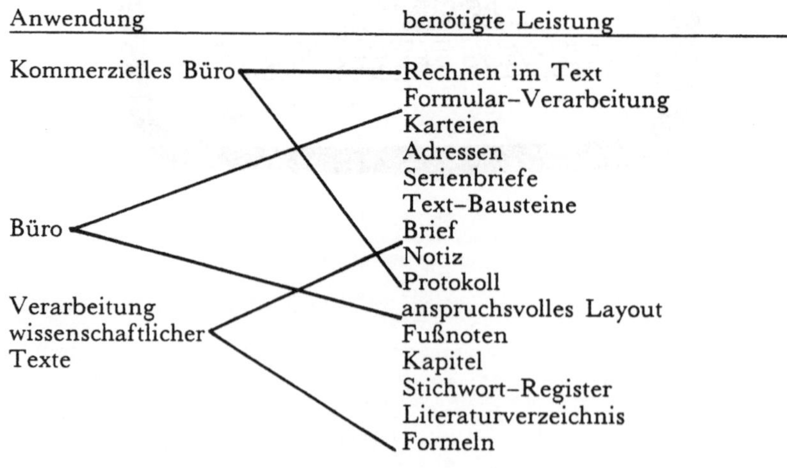

Was kann Word?

Microsoft Word ist ein Textverarbeitungsprogramm mit sehr breitem Einsatz-
gebiet: Ausgehend von den Anforderungen an die Textverarbeitung im normalen
Bürobereich erbringt Word sowohl einige Leistungen im Bereich des
kommerziellen Büros (Serienbriefe, Bausteine, Karteien, Adressen) als auch für
die Verarbeitung wissenschaftlicher Texte: anspruchsvolles Layout, Fußnoten.

Dabei bietet Word all diese Leistungen mit einem einheitlichen, handlichen und
selbstsprechenden Steuerungskonzept an. Dadurch wird Word zum derzeit
beliebtesten Allround-Textverarbeitungsprogramm für Personal Computer.
Andere Microsoft-Programme (z.B. Multiplan) verwenden genau dasselbe
Steuerungskonzept – das ist für Sie als Benutzer besonders angenehm.

Welche Version?

Word gibt es in mehreren verschiedenen Versionen. Die ersten Versionen (1.0,
1.1, 1.2) sind schon so gut und so weit verbreitet, daß wir hier die zusätzlichen
Leistungen der neuen Version 2.0 nur im Anhang erwähnen werden. Was Sie in
diesem Kapitel lesen, gilt also für alle (deutschen) Word-Versionen.

Wenn Sie sich ausführlichere und weitergehende Literatur zum Lernen von
Word wünschen, empfehlen wir Ihnen das Buch **"Textverarbeitung mit Microsoft
Word"**, auch im Teubner-Verlag, und natürlich auch mit der Maus! Hier
können Sie sich auf 250 Seiten austoben!

3.1 Eine erste Sitzung mit Word

Setzen Sie ihren Personal Computer mit dem Betriebssystem DOS in Gang, wie es im Kapitel 2 beschrieben ist. Wenn auf dem Bildschirm die Meldung A> erschienen ist, entnehmen Sie die DOS-Diskette, stecken Ihre Word-Diskette in das Laufwerk "A:" und klappen das Laufwerk zu. Danach tippen Sie den Befehl

A>*word (return)*

Nach einer Weile (meist hörbarer) emsiger Geschäftigkeit in dem Laufwerk erscheint folgender Bildschirminhalt:

```
1
+   *




















BEFEHL: Text Ausschnitt Bibliothek Druck Einfügen Format Gehezu Hilfe Kopie
        Löschen Muster Quitt Rückgängig Suchen Übertragen Wechseln Zusätze
Bearbeiten Sie bitte Ihren Text oder unterbrechen Sie zum Hauptbefehlsmenü!
Seite 1  ()                        ?              Microsoft Word:
```

Den Bereich innerhalb des Rahmens nennt man **Ausschnitt** oder Textfenster.

Darunter wird das **Befehlsmenü** angezeigt, aus dem Sie – ähnlich wie aus einer Speisekarte – einen Befehl aussuchen können.

Die Zeile unter dem Befehlsmenü (zweitunterste Zeile) heiß **Meldungszeile**. Hier macht Ihnen Word laufend Mitteilungen über den Fortgang der Dinge, etwa was Sie gerade machen können oder was gerade schiefgegangen ist.

Die unterste Zeile heißt **Statuszeile**. Über deren Bedeutung werden Sie später mehr erfahren.

Text eingeben

In der Statuszeile des eben gezeigten Bildschirminhalts lesen Sie:

Bearbeiten Sie Ihren Text oder unterbrechen Sie zum Hauptbefehlsmenü

Diesen Satz nehmen Sie ernst und befolgen die erste Möglichkeit: Sie bearbeiten den untenstehenden Text, indem Sie ihn zunächst einmal eingeben. Tippen Sie einfach drauflos. Wenn sie sich vertippt haben und es sofort bemerken, können sie jeweils das letzte Zeichen wieder löschen, indem Sie die Rück-Taste

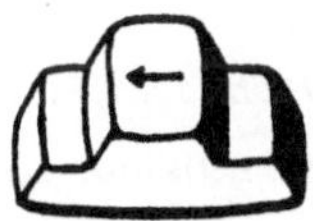

benutzen, die sich in der oberen rechten Ecke der alphanumerischen Schreibtastatur befindet. Verwenden Sie diese Taste bitte nicht, um weiter zurückliegende Fehler zu beheben; wie Sie diese Fehler beheben können, lernen Sie gleich nachher. Wenn Sie an das Ende einer Zeile kommen, benutzen Sie bitte **nicht** die Return-Taste um eine neue Zeile anzufangen. Word beginnt von selbst mit einer neuen Zeile, sobald es erforderlich ist. Paßt ein Wort nicht mehr in den Zeilenrest, holt Word das ganze Wort auf die nächste Zeile. So, nun greifen Sie in die Tasten: Tippen Sie Ihren ersten Text ein. Wenn Ihnen keiner einfällt, nehmen Sie diesen:

Das Textverarbeitungsprogramm Word ist relativ leicht zu lernen. Es reicht, wenn man weiß, wie man mit Disketten umgeht, aus welchen Elementen der IBM-PC besteht und wie man das Textverarbeitungsprogramm Word startet.

Wenn Sie diesen Text getippt haben, drücken Sie einmal die Return-Taste, um einen neuen Absatz anzufangen; dann tippen Sie weiter, wobei Sie immer dann, wenn ein Absatz zu Ende ist, die Return-Taste betätigen.

Wesentlich schwieriger ist beispielsweise die Jägerprüfung in Baden-Württemberg. Denn bei dieser Prüfung hat der Kandidat unter anderem folgende Leistungen zu erbringen:

In der Schrotdisziplin müssen auf zehn in gleicher Richtung laufende Kipphasen aus 35 Meter Entfernung mindestens vier Treffer erzielt werden. Als Treffer gilt, wenn infolge des Schusses beim einteiligen Kipphasen der Kipphase, beim mehrteiligen mindestens ein Teil desselben kippt.

Sie sollten deshalb froh sein, daß Sie nicht die schwierige Jägerprüfung machen müssen, sondern nur ein bißchen mit Word herumspielen.

Spielen ist einfach lustiger und angenehmer als Prüfungen machen. Deshalb gibt es bei uns hier keine Wordprüfung.

Wenn Sie damit fertig sind, sieht Ihr Bildschirm ungefähr so aus:

```
1
┼  Das Textverarbeitungsprogramm Word ist relativ leicht zu lernen.
   Es reicht, wenn man weiß, wie man mit Disketten umgeht, aus
   welchen Elementen der IBM-PC besteht und wie man das
   Textverarbeitungsprogramm Word startet.
   Wesentlich schwieriger ist beispielsweise die Jägerprüfung in
   Baden-Württemberg. Denn bei dieser Prüfung hat der Kandidat unter
   anderem folgende Leistungen zu erbringen:
   In der Schrotdisziplin müssen auf zehn in gleicher Richtung
   laufende Kipphasen aus 35 Meter Entfernung mindestens vier Treffer
   erzielt werden. Als Treffer gilt, wenn infolge des Schusses beim
   einteiligen Kipphasen der Kipphase, beim mehrteiligen mindestens
   ein Teil desselben kippt.
   Sie sollten deshalb froh sein, daß Sie nicht die schwierige
   Jägerprüfung machen müssen, sondern nur ein bißchen mit Word
   herumspielen.
   Spielen ist einfach lustiger und angenehmer als Prüfungen machen.
   Deshalb gibt es hier bei uns keine Wordprüfung.
   ♦

BEFEHL: Text Ausschnitt Bibliothek Druck Einfügen Format Gehezu Hilfe Kopie
        Löschen Muster Quitt Rückgängig Suchen Übertragen Wechseln Zusätze
Bearbeiten Sie bitte Ihren Text oder unterbrechen Sie zum Hauptbefehlsmenü!
Seite 1  (-)                        ?               Microsoft Word:
```

Text auf Diskette speichern

Nachdem Sie diesen Text mit mehr oder weniger zahlreichen Fehlern eingegeben haben, ist es empfehlenswert, ihn zunächst einmal auf Diskette zu speichern. Das geht nach folgendem Rezept:

-> Betätigen Sie die Taste

-> Betätigen Sie so oft die Leertaste, bis der Befehl **ÜBERTRAGEN** hell unterlegt ist.

Danach sieht der Befehlsbereich so aus:

```
BEFEHL: Text Ausschnitt Bibliothek Druck Einfügen Format Gehezu Hilfe Kopie
        Löschen Muster Quitt Rückgängig Suchen Übertragen Wechseln Zusätze
Wählen Sie eine Option oder geben Sie einen Anfangsbuchstaben ein!
Seite 1  ()                                        Microsoft Word:
```

->   Betätigen Sie die Taste

Danach sieht der Befehlsbereich so aus:

```
ÜBERTRAGEN: Laden Speichern Bildschirmlöschen Dateilöschen Zusammenführen
            Optionen Umbenennen Textbausteine
Wählen Sie eine Option oder geben Sie einen Anfangsbuchstaben ein!
Seite 1   ()                                    Microsoft Word:
```

->   Betätigen Sie so oft die Leertaste, bis der Befehl
SPEICHERN hell unterlegt ist.

->   Drücken Sie die Taste

Danach sieht der Befehlsbereich so aus:

```
ÜBERTRAGEN SPEICHERN Dateiname:_            Formatiert:(Ja)Nein

Geben Sie den Dateinamen ein!
Seite 1   ()                                    Microsoft Word:
```

Jetzt müssen Sie Ihrem Text einen Namen[1] geben. Nennen Sie Ihn einfach
"Jaeger", indem Sie eintippen:

JAEGER

Danach sieht der Befehlsbereich so aus:

```
|                                                                            |
UBERTRAGEN SPEICHERN Dateiname: JAEGER          Formatiert:(Ja)Nein

Geben Sie den Dateinamen ein!
Seite 1  ()                                     Microsoft Word:
```

   ->   Betätigen Sie die Return-Taste.

Zunächst erscheint in der Meldungszeile die Nachricht

Ich speichere Ihre Datei....!

Danach erscheint wieder das Hauptbefehlsmenü, wie ganz zu Anfang der
Sitzung mit Word. Ihr Text ist jetzt auf der Diskette abgespeichert, wo Sie ihn
beliebig lange aufbewahren, aber auch jederzeit wieder ändern können.

Tippfehler ausmerzen

Jetzt ist es an der Zeit, daß Sie Ihren Text fehlerfrei machen. Drücken Sie so
oft die Taste

---

1 Hier können Sie eine "vollständige Dateibezeichnung" eingeben, wie Sie es
  im DOS-Kapitel gelernt haben. Lassen Sie aber bitte die Zusatzbezeichnung
  weg, Word verwendet seine eigenen: .TXT für Texte, .SIK für
  Sicherungskopien. Verwenden Sie bitte keine Umlaute.

echts oben auf dem Ziffernblock, bis der Anfang Ihres Textes auf dem Bildschirm erscheint. Gehen Sie ihren Text durch und suchen Sie Fehler. Wenn Sie irgendwo einen Tippfehler entdecken, gehen Sie je nach der Art des Fehlers vor:

-> **Wenn ein falscher Buchstabe getippt ist:**
Verwenden Sie die Tasten mit den entsprechenden Richtungspfeilen (**Pfeiltasten**), um die Schreibmarke auf den falschen Buchstaben zu bringen. Zunächst betätigen Sie die Taste

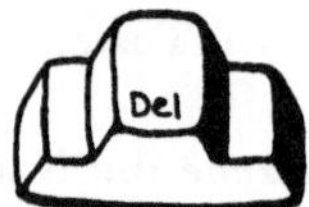

Damit löschen Sie den falschen Buchstaben, anschließend tippen Sie den richtigen, der sofort an dieser Stelle eingefügt wird.

-> **Wenn ein Buchstabe fehlt:**
Bringen Sie die Schreibmarke auf das Zeichen, **vor** dem der fragliche Buchstabe fehlt, und tippen ihn dann ein. Beachten Sie aber folgendes:

Die Rück–Taste

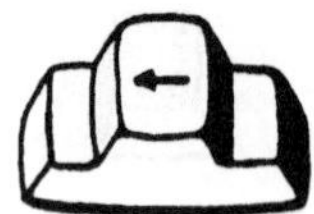

löscht das Zeichen, das links von der Schreibmarke steht. Diese Taste eignet sich also gut zum Löschen des jeweils zuletzt getippten Zeichens.

Die Lösch-Taste

löscht das Zeichen, auf dem die Schreibmarke steht.

Wenn Sie am unteren Rand des Bildschirms angekommen sind, können Sie die Taste

betätigen. Word zeigt Ihnen dann den unmittelbar anschließenden Textteil auf dem Bildschirm.

Text formatieren

Um Ihren Text in eine gefällige Form zu bringen, müssen Sie ihn formatieren. Die Einzelheiten zum Formatieren sagen wir Ihnen in Kapitel 3.3. Hier und jetzt bringen Sie Ihren Text nur mal spaßeshalber in die Form des Blocksatzes; das bedeutet: Der Text soll so wie in diesem Buch links und rechts "strammstehen". Dazu gehen Sie wie folgt vor:

-> Sie betätigen die altbekannte Taste

->   Sie drücken so oft die Leertaste, bis der Befehl **FORMAT** hell unterlegt ist.

->   Danach drücken Sie die Taste

Danach sieht der Befehlsbereich so aus:

```
FORMAT: Zeichen Absatz Tabulator Fußnote Bereich Kopf-/Fußzeile Druckformat

Wählen Sie eine Option oder geben Sie einen Anfangsbuchstaben ein!
Seite 1  ()                                      Microsoft Word:
```

->   Jetzt drücken Sie so oft die Leertaste, bis der Befehl **ABSATZ** hell unterlegt ist.

->   Sodann betätigen Sie wieder die Taste

Danach sieht der Befehlsbereich so aus:

```
FORMAT ABSATZ Ausschließung: Links Zentriert Rechts Block   SelbeSeite: Ja Nein
   Linker Einzug:            Erste Zeile:            Rechter Einzug:
   Zeilenabstand:           Anfangsabstand:          Endeabstand:
Wählen Sie eine Option!
Seite 1  ()                                      Microsoft Word:
```

Jetzt haben Sie kein Befehlsmenü mehr vor sich, sondern mehrere sogenannte Befehlsfelder, die Sie entsprechend Ihren Wünschen ausfüllen können. Gleich im ersten Befehlsfeld mit dem Namen "AUSSCHLIESSUNG" ist die Position "LINKS" hell unterlegt, das bedeutet, daß der Text linksbündig angelegt ist. Das wollen Sie ändern, damit der Text in die Form des Blocksatzes gebracht wird.

-> Sie nehmen wieder so oft die Leertaste, bis die Position **BLOCKSATZ** hell unterlegt ist.

Danach sieht der Befehlsbereich so aus:

```
|                                                                        |
 ─────────────────────────────────────────────────────────────────────────
FORMAT ABSATZ Ausschließung: Links Zentriert Rechts Block    SelbeSeite: Ja Nein
   Linker Einzug:              Erste Zeile:              Rechter Einzug:
   Zeilenabstand:              Anfangsabstand:           Endeabstand:
Wählen Sie eine Option!
Seite 1  ()                                      Microsoft Word:
```

-> Danach drücken Sie nochmals die Taste

Sie sehen jetzt auf dem Bildschirm, wie Ihr Text entsprechend Ihrer Formatzuweisung umgestaltet wird. Anschließend sollten Sie Ihren Text wieder in seiner neuen Gestalt auf Diskette speichern; Sie wissen ja bereits, wie das geht.

Die Sitzung mit Word beenden

Sie müssen das Programm Word immer auf eine bestimmte Art und Weise beenden, nämlich mit dem Befehl QUITT. Sie sollten nicht einfach die Programmdiskette herausnehmen oder Ihren Personal Computer ausschalten.

-> Sie gehen also wie folgt vor: betätigen Sie die Taste

->   Dann wählen Sie mit der Leertaste den Befehl **QUITT** aus.

->   Abschließend betätigen Sie nochmals die Taste

Danach sieht der Befehlsbereich so aus:

```
|                                                                              |
|                                                                              |

QUITT:

Geben Sie J ein wenn Sie speichern möchten N wenn nicht oder unterbrechen Sie!_
Seite 1   ()                                               Microsoft Word:
```

->   Ganz zum Schluß tippen Sie noch den Buchstaben *j*

Wenn auf dem Bildschirm der Word-Rahmen verschwunden ist und beide
Kontrollampen der Diskettenlaufwerke ausgegangen sind, ist die Word-Sitzung
endgültig beendet. Auf dem Bildschirm steht jetzt

```
COMMAND.COM Diskette einlegen in Laufwerk A:
Wenn bereit, eine Taste betätigen
```

Wenn Sie mit Ihrem Personal Computer noch etwas anderes machen wollen,
legen Sie Ihre DOS-Diskette ins Laufwerk A: und betätigen irgendeine Taste.
Vor Ihren nächsten Word-Übungen können Sie ja die Datei COMMAND.COM
auf Ihre Word-Programmdiskette kopieren, dann bleibt Ihnen das Disketten-
Wechseln an dieser Stelle in Zukunft erspart.

3.2 Die Steuerung des Programms Word

Eigentlich haben Sie im letzten Kapitel bereits alles gelernt: Wie Sie Texte eingeben und verändern, wie Sie Befehle ausführen lassen und welche Auswahlmöglichkeiten Ihnen dabei zur Verfügung stehen.

Doch um ein solch mächtiges Programm wie Word richtig benutzen zu können, müssen Sie deren Prinzip sehr gut verstehen, um dann in die feinsten Einzelheiten selbst vorzudringen; schließlich wollen Sie nicht alles nach Lehrplan erlernen, sondern vieles aufgrund Ihres neuen Verständnisses selbst erforschen!

Microsoft Word wird mit zwei verschiedenen Werkzeugen gesteuert. Dazu muß der Bediener zwischen zwei Arbeitsweisen umschalten: dem **Textmodus** und dem **Befehlsmodus**.

Der Textmodus

Nach dem Starten des Programms befindet sich Word im Textmodus: Hier können Texte eingegeben werden, Tippfehler korrigiert werden, Sie können im Text blättern. Alle diese Funktionen werden durch Tastendruck erreicht.

Der Befehlsmodus

> Im Befehlsmodus kann jeweils einer der Befehle, die am unteren Bildschirmrand sichtbar sind, ausgeführt werden. Diese Befehle sind mächtiger als die oben erwähnten Tastendrücke, oft benötigen sie noch zusätzliche Angaben – daher kann man sie nicht auf "Tastendruck" legen.

Der Textmodus

Zu Beginn dieses Kapitels haben Sie bereits die wichtigsten Tastendrücke gelernt; daher hier nur noch einmal eine kurze Zusammenfassung:

Eine Taste mit einem Buchstaben, einer Zahl oder einem Sonderzeichen drauf schreibt dieses Zeichen genau dorhin, wo die Schreibmarke gerade steht. Wehe, wenn's anders wär.

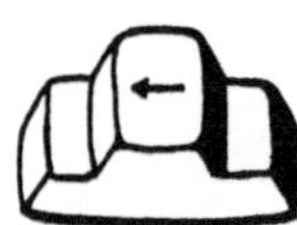

Die **Rück-Taste** löscht das zuletzt eingegebene Zeichen. Sie entspricht der Korrektur-Taste an der Schreibmaschine. Verwechseln Sie nicht die Rück-Taste (grau) mit der Pfeil-Links-Taste (weiß über der 4 des Ziffern-Blocks)!

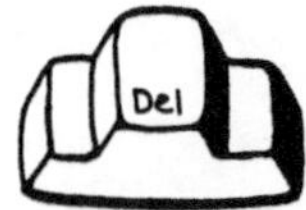

Die **Lösch-Taste** löscht das Zeichen, auf dem die Schreibmarke gerade "steht".

Die **Return**-Taste bewirkt "Absatzende": Hier ist der Absatz zu Ende, eine sogenannte "Absatz-Ende-Marke" wird erzeugt, ein neuer Absatz wird begonnen. (Wir Menschen erkennen Absätze am freien Platz drumherum, ein Programm braucht ein "Satz-Zeichen" wie Komma, Punkt oder eben eine Absatz-Endemarke).

 (Page Up, engl: 'Seite hoch') schiebt das Bildschirmfenster um eine Seite (also 20 Zeilen) im Text nach oben. Diese Taste heißt also **Blättern rückwärts**.

 (Page Down, engl: 'Seite runter') schiebt das Bildschirmfenster um eine Seite (also 20 Zeilen) im Text nach unten. Diese Taste heißt also **Blättern vorwärts**.

 Die **Pfeil-Tasten** bewegen die Schreibmarke in der angegebenen Pfeilrichtung im Text. Man nennt sie auch häufig "Cursor-Tasten", aber auch "Richtungstasten".

Für das Verständnis dieses Kapitels müssen Sie noch eine weitere Funktion von Word im Textmodus kennenlernen: Das **Markieren** (deutsch: draufzeigen). Sie wissen bereits, daß die Schreibmarke immer schon ein Zeichen im Text markiert, und zwar das, auf dem sie gerade steht.

Wollen Sie nun auf mehrere Zeichen zugleich zeigen, um mit diesen etwas zu machen (zum Beispiel löschen oder fett darstellen), steht Ihnen in Word die Markier-Funktion zur Verfügung.

 Die Funktionstaste f6 heißt **Erweitern**; Nach Tippen dieser Taste können Sie die Stelle, auf die die Schreibmarke zeigt, mit den Pfeiltasten erweitern. Das sieht dann aus, als ob die Schreibmarke breiter oder sogar höher würde.

Ist die Funktion eingeschaltet, finden Sie die Anzeige **ER** in der untersten Zeile des Bildschirms. Nach einem weiteren Betätigen der Taste **f6** ist die Funktion wieder ausgeschaltet.

Der Papierkorb

Immer, wenn Sie ein Stück Text (also eines oder mehrere Zeichen) löschen, macht das Word genauso wie Sie: Die gelöschten Text-Teile kommen zuerst einmal in den **Papierkorb**. Sie können ihn sogar sehen: In der untersten Bildschirmzeile sehen Sie zwei runde Klammern: das ist er! Und wenn Sie schon Text in den Papierkorb gelöscht haben, sehen Sie ihn dort.

markierten Text in den Papierkorb löschen

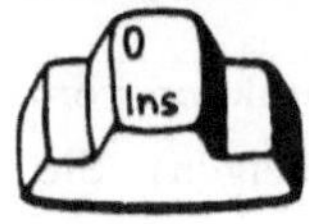

Text aus dem Papierkorb dort einfügen, wo die Schreibmarke gerade steht.

Beachten Sie: Sie können immer nur ein Stück Text im Papierkorb aufbewahren; das allerdings darf beliebig lang sein!

Der Befehlsmodus

Wollen Sie mehr als nur Zeichen einfügen, löschen oder im Text blättern, müssen Sie das Word mit dessen **Befehlen** mitteilen. Zum Glück hat Word eine deutsche Befehls-Sprache, und zum Glück ist sie systematisch, sodaß wir sie mühelos lernen können. Ja es macht sogar Spaß, durch Aneinanderreihen von Worten aus unserer Umgangssprache einem Computer Anweisungen zum Handeln geben zu können. Wo ist Ihnen das sonst schon begegnet?

Mit der Taste **(esc)** gelangen Sie aus dem Textmodus in den Befehlsmodus. Sie sehen, daß der erste Befehl auf Ihrem Bildschirm grün unterlegt ist; Word schlägt Ihnen diesen vor.

Mit der Taste **(leer)** schieben Sie den grünen Balken von Befehl zu Befehl; Sie wählen damit den jeweils nächsten Befehl aus. Nach dem letzten wird wieder der erste ausgewählt.

Mit der Taste **(return)** führen Sie einen angewählten Befehl aus. Die verschiedenen Befehle erwarten danach noch unterschiedlich viele Eingaben. Wie's weiter geht, sehen Sie sofort.

Wenn ein Befehl ausgeführt worden ist, befindet sich Word wieder im Textmodus.

Geht Ihnen **(leer)** ... **(leer)** **(return)** nicht schnell genug, können Sie einen Befehl auch durch Eingabe seines Anfangsbuchstabens **auswählen und zugleich ausführen** lassen.

Sind Sie nun irgendwo tief in der Befehlsauswahl versunken oder Sie haben sich hoffnungslos verirrt oder Sie wollten einfach einmal spicken und stellen nun fest, daß Sie den Befehl gar nicht ausführen lassen wollen, geht's so zurück:

(esc) schiebt den grünen Block wieder auf den Befehl "TEXT" zurück, **(return)** führt den Befehl TEXT aus und versetzt Word damit wieder in den Textmodus.

Wenn Sie eine Maus haben, geht das alles natürlich viel schneller und lustiger. Lesen Sie bitte in einem der beiden empfohlenen Büchern, wie Sie mit Ihrem neuen Haustier umgehen.

Nun kennen viele Word-Befehle noch **Befehls-Untermenüs**, aus denen Sie einen von mehreren angebotenen Unterbefehlen aussuchen dürfen. Sie wählen ihn genauso aus, wie einen Befehl aus dem Hauptmenü (also durch mehrmaliges Drücken der Leertaste oder durch Eingabe seines Anfangsbuchstabens).

Von manchen Befehlen werden Ihnen weitere Ankreuz-Möglichkeiten auf den Bildschirm geboten. Sehen wir uns das einmal am Befehl **Übertragen Laden** an.

Übung

Starten Sie bitte nun Ihre Word-Maschine und üben Sie zu unserem Beispiel gleich mit:

        (esc)
                Übertragen
                Laden

(esc) versetzt Word in den Befehlsmodus, **Übertragen** (durch x–mal Drücken der Leertaste oder einmal Ü) holt das Befehls–Untermenü Übertragen hervor, **Laden** holt nun das letzte Menü zum Ausfüllen. Hier steht nun:

```
Dateiname:
Schreibschutz: ja (nein)
```

Word will nun also mehrere Dinge von Ihnen wissen. Sie haben die Wahl:

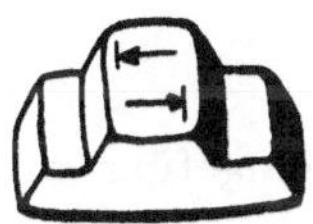

springt von "Dateiname" zu "Schreibschutz" zu "Dateiname" zu ... . mit dieser Taste können Sie also entscheiden, **zu welcher Frage** Sie eine Angabe machen möchten. Bleiben Sie einmal bei Schreibschutz stehen:

Sind Sie dort gelandet, wo Word mehrere Möglichkeiten anbietet (wie hier bei "Schreibschutz"), können Sie mit der Leertaste eine der angebotenen Möglichkeiten ankreuzen (= mit dem hellen Balken unterlegen). Die gerade gültige Einstellung ist **hell unterlegt** oder **eingeklammert**.

Will Word von Ihnen eine Antwort zu einer Frage, zu der es viele mögliche Antworten gibt, dürfen Sie Word um Auskunft fragen: Betätigen Sie eine der Pfeiltasten, Word wird Ihnen die Liste aller zulässigen Antworten auf dem Bildschirm darstellen. Sie dürfen dann (wieder mit den Pfeiltasten) eine der Antworten ankreuzen.

Also: Kreuzen Sie nun bei "Schreibschutz" das Nein an und fragen Sie Word, welche Dateinamen es denn zum Laden anbietet:

```
Dateiname:    auswählen mit (Pfeiltaste)
Schreibschutz: ja (nein)
```

Nachdem Sie bei "Dateiname" eine Pfeiltaste gedrückt haben, sehen Sie nun mehrere Dateinamen (=Textnamen) auf Ihrem Schirm, von denen Sie einen auswählen können, indem Sie mit den Pfeiltasten den grünen Fleck dorthin schicken (wir sagen: ankreuzen). Nehmen Sie doch den Namen Ihres ersten Textes: **JAEGER**.

Mit **(return)** wird der Befehl dann endlich ausgeführt. Sie sehen jetzt Ihren Text auf dem Bildschirm.

So lesen Sie einen Word–Befehl

Schreiben wir also noch einmal diesen Befehl in der soeben eingeführten **einheitlichen Schreibweise für Befehlsfolgen** auf:

```
(esc)
        Übertragen
              Laden
                    Dateiname: Jaeger
                    Schreibschutz: ja (nein)
(return)
```

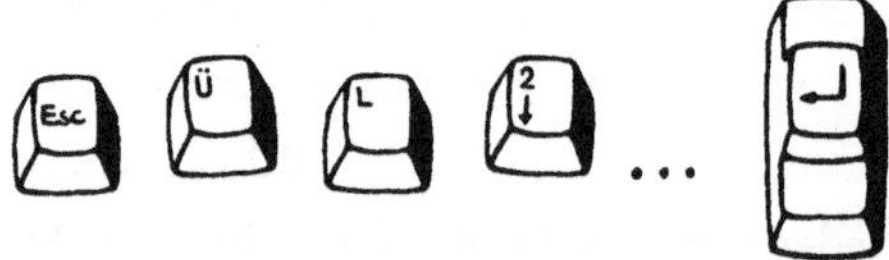

Kursiv geschriebene Texte in dieser Befehlsfolge sollen Ihnen zeigen, an welcher Stelle Sie etwas in zu dem Befehl eingeben sollen. In dem obigen Beispiel also den Namen Ihres Textes *Jaeger* (durch Auswahl) und die Antwort *nein* (durch Ankreuzen).

Freuen Sie sich jetzt! Sie haben für einen einzigen Befehl gelernt, wie man ihn ausführt, und können gleich alle anderen anwenden, weil's bei denen genauso geht!

Die Befehle von Word

Hier wollen wir das **Prinzip** von Word, nicht aber die **Einzelheiten** besprechen, Daher können wir auch nicht auf alle einzelnen Befehle eingehen.

Trotzdem finden Sie hier eine knappe Zusammenfassung aller Befehle von Word, damit Sie nicht länger im Dunkeln tappen. Bitte probieren Sie die nicht gleich alle aus, Sie brauchen noch mehr Wissen dazu.

Text bringt sie in den Textmodus zurück

Ausschnitt öffnet und schließt Fenster in Dateien und zeigt sie auf dem Bildschirm

Bibliothek Hier verbergen sich die neuen Funktionen von Word 2.0: Silbentrennung, Betriebssystem, Rechtschreibkorrektur–Programm.

Druck Drucker auswählen, Druckparameter einstellen, Seitenumbruch für den Bildschirm bestellen, drucken.

Einfügen Text aus dem Papierkorb (wie Taste INS) oder einem Textbaustein einfügen

Format Zeichen, Absatz oder Bereich formatieren. Auch die Gestalt von Tabulatoren, Fußnoten, Kopf– und Fußzeilen wird mit diesem Befehl bestimmt.

Gehezu Bildschirmseite (nach Seitenumbruch) oder Fußnote auf den Bildschirm holen.

Hilfe Hilfetext aufschlagen (eine von 88 Seiten).

Kopie markierten Text in den Papierkorb () oder einen Textbaustein kopieren.

Löschen Markierten Text löschen, aber gleichzeitig in dem Papierkorb () oder einem Textbaustein aufbewahren.

Muster Häufig gebrauchte Formatwünsche dauerhaft vereinbaren.

Quitt Sitzung mit Word beenden, auf Wunsch Text speichern.

Rückgängig Letzte Änderung am Text rückgängig machen.

Suchen Zeichenfolge im Text suchen

Übertragen Text zur Bearbeitung "herholen" oder speichern; Bildschirm, ganzen Text oder Bausteine löschen.

Wechseln Zeichenfolge im Text suchen und durch eine andere ersetzen.

Zusätze Einige Einstellungen für die Arbeit mit Word wählen.

Im Handbuch **Microsoft Word Textverarbeitungsprogramm** finden Sie im Kapitel 10 **'Verzeichnis der Befehle'** auf den **Seiten 253 bis 350** eine ausgezeichnete Zusammenstellung aller Befehle und ihrer Wirkungsweise in allen Einzelheiten.

Da wir dieses Verzeichnis nicht besser machen würden, verweisen wir hier darauf: Lesen Sie dort nach, wenn Sie etwas ganz spezielles zu einem Befehl wissen wollen.

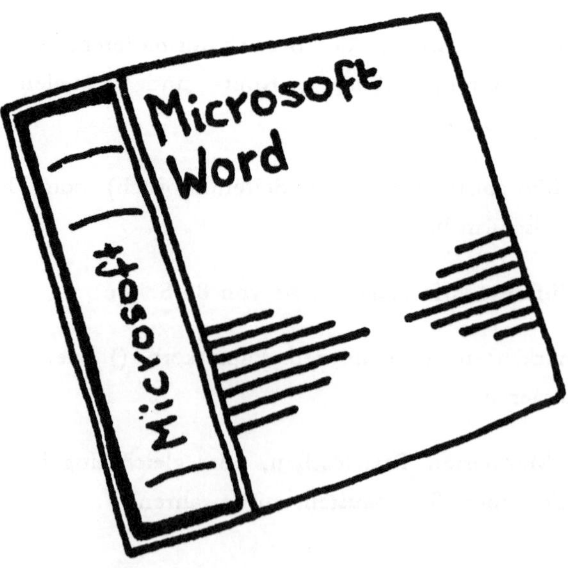

Hilfe

Word bietet Ihnen zwei Hilfe-Rufe an:

allgemeine Hilfe:

Über den Befehl **Hilfe** erhalten Sie die erste der 88 Seiten Hilfe-Text aufgeschlagen. Zu dem Hilfe-Text erhalten Sie ein **Befehlsmenü der Hilfe-Funktion**, das Ihnen das Blättern im Hilfe-Text erlaubt.

gezielte Hilfe:

Stehen Sie mitten in der Ausführung eines Befehls und wissen nicht weiter, können Sie gezielt Hilfe anfordern: denn Word weiß ja, an welchem Problem Sie gerade arbeiten: Die **Hilfe-Taste** ”?” schlägt Ihnen die richtige Seite im Hilfe-Buch zu Ihrem Problem auf.

Das ist wirklich eine wertvolle Funktion: Wenn Sie einmal wissen, **wie** Word arbeitet (und das ist ja nun der Fall!), können Sie in Zukunft ohne Handbuch arbeiten und sich bei Bedarf von Word das **Was** erläutern lassen.

Natürlich kommen Sie aus der gezielten Hilfe wieder an die gleiche Stelle zurück, von wo aus Sie diese aufgerufen haben. Und natürlich können Sie in der gezielten Hilfe auch vorwärts und rückwärts blättern, um Randprobleme mit zu betrachten.

Übung

->   Starten Sie Ihren PC mit dem Betriebssystem DOS.

->   Starten Sie das Programm Word.

->   Laden Sie Ihren Text JAEGER:

```
(esc)
        Übertragen
             Laden
                   Dateiname: (Pfeiltaste)
                              wählen Sie nun Ihren
                              Text JAEGER aus
                   Schreibschutz: ja (nein)
(return)
```

Danach erscheint nach einigem Getöse im Diskettenlaufwerk der altbekannte Text auf dem Bildschirm.

Ihre erste eigentliche Aufgabe lautet nun:

->   "Spielen" Sie ein wenig mit dem Befehl FORMAT ABSATZ, den Sie in Ihrer ersten Word-Sitzung kennengelernt haben, herum: Stellen Sie die Schreibmarke abwechselnd in verschiedene Absätze und wählen jedesmal ein anderes Format.

Wenn Sie dabei auf Schwierigkeiten des Befehls FORMAT ABSATZ stoßen, ist's nicht so schlimm: Sie sollen hier ja auch nur mit der Befehls-Steuerung spielen, die Formatierung lernen Sie im nächsten Abschnitt kennen. Verwenden Sie beispielsweise diesen FORMAT-Befehl:

```
(esc)
       Format
             Absatz
                   Ausschliessung: Rechts
                   ...
                   Endeabstand: 2
(return)
```

Wenn Sie Ihren Text genügend verschönert haben, speichern Sie ihn bitte wieder ab und beenden die Sitzung mit Word. Nehmen Sie beim Speichern einen anderen Dateinamen: Word legt Ihnen dann eine zweite Datei mit diesem neuen Namen ab. In der Datei JAEGER steht also noch Ihr ursprünglicher Text, in der neuen Datei der geänderte.

```
(esc)
       Übertragen
             Speichern
                   Dateiname: b:waidmann
(return)


(esc)
          Quitt
(return)
```

Bravo, Sie haben Ihre Aufgabe glänzend gelöst!

Silbentrennung in Word

Nun sehen Sie noch ein paar unschöne Lücken zwischen manchen Wörtern im Text! Das liegt daran, daß einige lange Wörter vorkommen, die eigentlich getrennt werden müßten. Nun können Sie Word jedoch sagen, wo es ein Wort trennen soll, um den Platz in der oberen Zeile besser nutzen zu können:

> Durch die Eingabe von **Trennfugen** kann man Word mitteilen, wo ein Wort bei Bedarf getrennt werden darf. Trennfugen geben Sie ein mit der Tastenkombination:

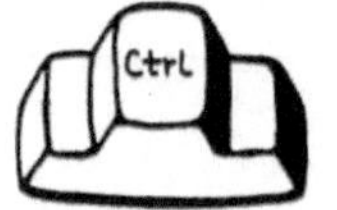

Wird das Wort an dieser Stelle tatsächlich getrennt, erscheint ein Bindestrich, wird es nicht getrennt, bleibt auch der Bindestrich weg. Famos, was? Fügen Sie jetzt überall in den langen Wörtern solche Trennfugen ein. Wenn Sie mal den Überblick verloren haben, wo schon Trennfugen sind und wo nicht, dann können Sie sich die Trennfugen[1] sichtbar (und natürlich auch wieder unsichtbar) machen mit dem Befehl

```
(esc)
        Zusätze
              Sichtbar: (ja) nein
(Return)
```

---

1 Und damit gleichzeitig auch die **Absatzmarken**, an der Word (und Sie!) erkennen, wo ein Absatz aufhört. Die Absatzmarke sieht aus wie ein seitenverkehrtes P mit doppeltem Stiel.

3.3 Formatieren: Das Aussehen der Texte gestalten

Bei herkömmlichen Textsystemen (Schreibmaschine, einfaches Textsystem) ist jedes Textzeichen fest mit dem Wunsch verkettet, wie und wo es später einmal auf dem Papier stehen soll (wir sprechen hier von unserem **Formatwunsch**).

In der modernen Textverarbeitung (zum Beispiel mit Word) ist das ganz anders:

> Mit Word können Text und Formatwunsch einzeln bearbeitet werden

TEXT   FORMATWUNSCH

Geben Sie Ihren Text also ohne Rücksicht auf Platzeinteilung und Hervorhebungen fortlaufend ein! Erst durch die Zuordnung eines Formatwunsches zu Ihrem Text wird dieser formatiert; diese Zuordnung kann nicht nur während der Eingabe als auch noch danach zu beliebigen Teilen eines bestehenden Textes gemacht werden. Dabei können immer wieder andere Formatwünsche verwendet werden. Sie können also Ihren Text solange hin- und herformatieren, bis er Ihren Anforderungen entspricht!

Welche Formatwünsche gibt es denn?

Word kennt im wesentlichen drei Strukturen in unserem Text, die Sie mit dem Befehl FORMAT, das Sie ja bereits kennengelernt haben, bearbeiten können. Diese drei Strukturen sind:

Zeichen

> Eines oder mehrere aufeinanderfolgende Zeichen (Buchstabe, Ziffer, Sonderzeichen) bis hin zu allen Zeichen des Textes.

Absatz

> Ein zusammengehörender Textbereich, der in einem einheitlichen **Absatzformat** dargestellt werden soll. Ein Absatz besteht meistens aus einem oder mehreren Sätzen.

Bereich

> Ein zusammengehörender Textbereich, der im gleichen Papierformat (in Word: **Bereichsformat**) ausgedruckt werden soll. Ein Bereich besteht meistens aus mehreren Absätzen und umfaßt in der Regel unseren gesamten Text.

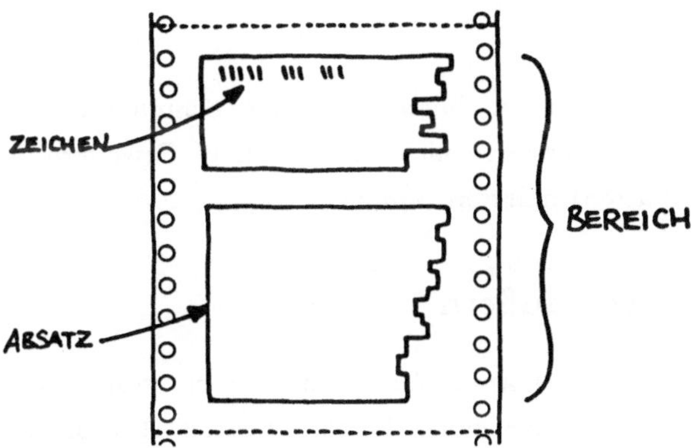

Dementsprechend gibt es auch für jede dieser drei Strukturen eigene Formatwünsche, die wir nun im einzelnen besprechen:

Format Zeichen

Zeichen: Mit dem Befehl FORMAT ZEICHEN können Sie zu einem oder mehreren Zeichen zugleich folgende Formatwünsche äußern:

– Fett	**Fett**
– Kursiv	*kursiv*
– Unterstrichen	<u>unterstrichen</u>
– Durchgestrichen	~~durchgestrichen~~
– Großbuchstaben	DAS WAREN EINMAL KLEINE
– Kapitälchen	kann unser Drucker nicht
– Doppelt unterstrichen	siehe da!
– Hochgestellt	das ist ^hochgestellt
– Tiefgestellt	das ist ₜtiefgestellt
– Schriftart	Auswahl aus allen Schrift- arten Ihres Druckers
– Schriftgrad	und den möglichen Schriftbreiten

Das Auswählen und Zuordnen des Formatwunsches zu einem bestimmten Textbereich (also auch Zeichen) geschieht immer in zwei Stufen:

Text markieren

Ein Zeichen ist immer mit der Schreibmarke markiert, mehrere können mit der Funktion Erweitern (F6 und Pfeiltasten) markiert werden.

Formatwunsch äußern

Sie können Formatwünsche aus einer Wunschliste heraus "bestellen" oder auch "direkt" äußern. Da Sie solch eine "Format-Wunschliste" noch nicht kennengelernt haben, sollen Sie Ihre ersten Formatwünsche direkt äußern.

Übung

-> Starten Sie Word und laden Sie Ihren Übungstext zur Bearbeitung ein:

Dazu müssen Sie nach dem Start von Word den Befehl *Übertragen Laden* ausführen. Wir verwenden hier wieder die systematische Schreibweise für die Ausführung von Befehlsfolgen:

```
(esc)
      Übertragen
            Laden
                  Dateiname:  Waidmann
                  Schreibschutz: ja (nein)
(return)
```

-> Markieren Sie ein Wort oder mehrere zusammenhängende Wörter auf Ihrem Bildschirm (mit der Funktion **Erweitern**, Taste **F6**).

-> Verändern Sie nun mit dem Befehl **Format Zeichen** das Aussehen Ihres markierten Textes: Wünschen Sie sich zuerst einmal "Fettdruck":

```
(esc)
      Format
            Zeichen
                   fett:          (ja) nein
                   kursiv:        ja (nein)
                   ...
(return)
```

Nach dem letzten Unterbefehl "Zeichen" erhalten Sie ein ganzes Menü auf dem Bildschirm. In diesem Menü finden Sie nun mehrere **Befehlsfelder** (zum Beispiel Fett, Kursiv ...) und dazu jeweils mehrere mögliche **Antworten** (ja, nein, ...).

Wie Sie leicht erkennen können, sind alle Angaben, die zu dem von Ihnen markierten Text passen, eingeklammert dargestellt, also überall: **(nein).**

Der uns nun schon gut bekannte grüne Balken steht im ersten Befehlsfeld auf der gerade gültigen Antwort. Wir wollen das **Ankreuzen** unserer Formatwünsche noch einmal zusammen üben:

 Wie bei der Auswahl eines Befehls aus einer ganzen Reihe können Sie auch hier den grünen Balken von Vorschlag zu Vorschlag schieben. Der gerade markierte Vorschlag gilt als Antwort. In unserem Beispiel also von **nein** nach **ja** nach **nein** nach ...

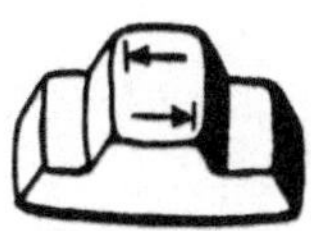 Wollen Sie in einem anderen **Befehlsfeld** eine der vorgeschlagenen Antworten verändern, springen Sie mit der Tabulatortaste von Befehlsfeld zu Befehlsfeld, in unserem Beispiel also von **fett** zu *kursiv* zu unterstrichen zu ...

Wenn Sie also bei **Fett** das **ja** angekreuzt haben, lassen Sie nun mit (**return**) den Befehl ausführen: Das Format–Zeichen–Menü verschwindet, das gewohnte Befehls–Hauptmenü erscheint wieder, und die markierten Zeichen werden heller auf dem Bildschirm dargestellt[1].

Übung

Wählen Sie für verschiedene Textstücke verschiedene Formatwünsche. Stellen Sie dabei fest, daß Word manche Ausprägungen gar nicht am Bildschirm darstellen kann, sondern sogenannte **Ersatzdarstellungen** wählt[2]. Das tatsächliche Zeichenformat können Sie ja immer mit dem Befehl **Format Zeichen** abfragen!

Sie haben gerade gelernt, welche Formatwünsche Sie für Zeichen äußern können und wie man das in Word macht. Nun wollen wir uns den beiden anderen Strukturen zuwenden:

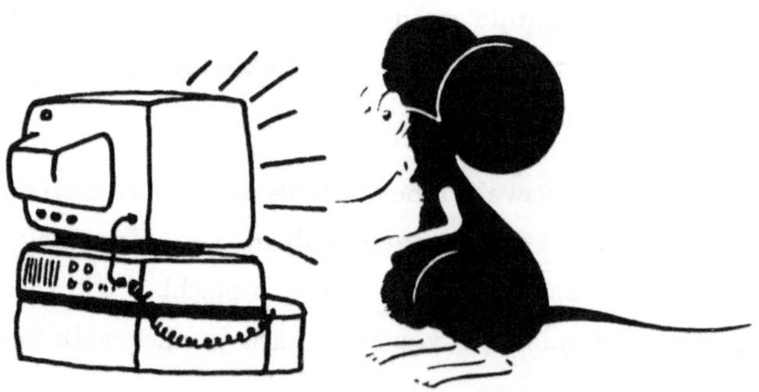

---

1 Besitzt Ihr Rechner eine Graphik–Karte, sehen Sie fett dargestellte Zeichen nicht hellgrün, sondern wirklich fett.

2 Doppelt unterstrichen, Kapitälchen, Hoch- und tiefgestellt kann Ihr Bildschirm nur mit Graphik–Karte darstellen; haben Sie keine, sehen Sie Ihre Zeichen meist in der Ersatzdarstellung "unterstrichen".

Format Absatz

> Ein zusammengehörender Textbereich, der in einem einheitlichen **Absatzformat** dargestellt werden soll. Ein Absatz besteht meistens aus einem oder mehreren Sätzen.

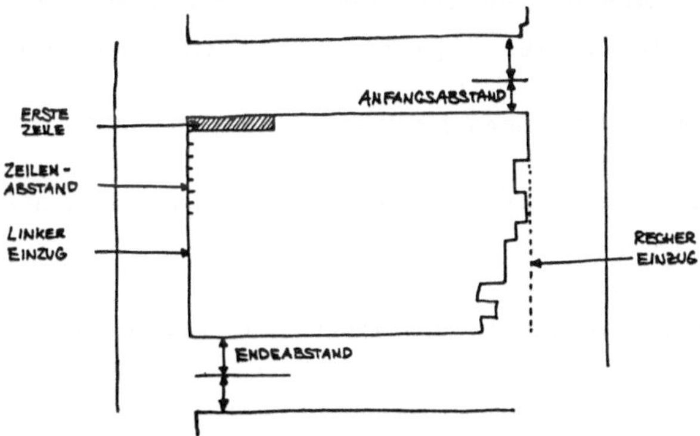

Bei der Eingabe des Textes können Sie durch Betätigen der Taste **Absatzende** (return) das Ende eines Absatzes und damit den Beginn des nächsten bewirken.Mit dem Befehl *FORMAT ABSATZ* können Sie das Format eines Absatzes in folgenden Punkten beeinflussen:

Ausrichtung (gibt an, wo die Textzeilen "stramm" stehen müssen): Linksbündig, zentriert, rechtsbündig, Blocksatz (links- und rechtsbündig zugleich).

SelbeSeite: Soll der Absatz beim Drucken unbedingt auf einer Seite zusammengehalten werden? Geben Sie hier ein *Ja* (wie wir), ist Ihr Text besser lesbar, bei *Nein* füllt Word Ihre Seiten besser aus, wenn auch oft nur mit halben Absätzen.

Linker Einzug: Abstand des Textes vom linken Textrand (in den Einheiten P10^3, P12^4 oder in Zentimeter oder Zoll)

Erste Zeile: Die erste Zeile darf eine Ausnahme machen: sie darf nach links oder nach rechts anders eingerückt sein, als der restliche Absatz. Ein negativer Wert bewirkt das Ausrücken der ersten Zeile nach links (wie bei diesem Absatz, den Sie gerade lesen)

Rechter Einzug Abstand des Absatzes vom rechten Textrand (in Zeichen der Breite P10, P12, oder in Zentimeter oder Zoll)

Zeilenabstand (in halben Schritten)

Anfangsabstand Anzahl der Leerzeilen, die **vor** diesem Absatz eingefügt werden sollen

Endeabstand Anzahl der Leerzeilen, die **nach** diesem Absatz eingefügt werden sollen

Immer, wenn Word von Ihnen eine Angabe mit **Maßeinheit** Zentimeter, Zoll, Zeichen P10 oder P12 erwartet, können Sie sich aussuchen, in welcher Maß–einheit Sie die Angabe eingeben wollen – Sie müssen lediglich dazuschreiben, welche Sie gerade meinen: Also *cm*, *in*, *P10* oder *P12*. Ihnen ist sicherlich nicht entgangen, daß Word **eine Maßeinheit voreingestellt** hat; diese Voreinstellung können Sie beliebig ändern (mit dem Befehl **Zusätze**).

Übung

-> Stellen Sie die Schreibmarke an eine beliebige Stelle in irgendeinen Absatz Ihres Textes. Word erkennt diesen Absatz als von Ihnen markiert an.

---

3 P10 entspricht 10 Zeichen pro Zoll, wir sagen oft auch ”Zehnerteilung”.

4 P12 entspricht 12 Zeichen pro Zoll, wir sagen oft auch ”Zwölferteilung”.

-> Gestalten Sie mit dem Befehl **Format Absatz** Ihren Absatz im Blocksatz mit zwei Zeilen Abstand am Ende:

```
(esc)
      FORMAT
            ABSATZ
                  Ausrichtung:    Block
                  ...
                  Absatzendeabstand:  2
(return)
```

Machen Sie dies auch gleich noch mit dem nächsten Absatz, um zu sehen, wie Ihr Text sofort ein einheitliches Bild bietet:

et dolore magna aliquam erat voluptat.Ut enim ad minim veriam, Duis autem vel eum irure reprehenderit in voluptate velit esse nihil molestiae m ducim qui blandit praesent luptatum delenit atgue duos dolor et molestias id est laborum et dolor fuga. Et harumd dererud facilis est er expedit distinct. im paceat facer possim omnis voluptas assumenda est, omnis dolor repellend. liand sint et molestia non recusand. Itaque earud rerum hic tenetury sapiente ur verear ne ad eam non possing accommodare toquat nost ros quos tu paulo um conscient to factor tum poen legum odioque civiuda.

liant et, aptissim est ad quiet. Endium caritat praesert cum omning end inane sunt is parend non est nihil enim desiderabile. Concupis plusque in is dixer per se ipsad optabil, sed quiran cunditat vel plurify afferat. Nam dilig od quae egenium improb fugiendad improbitate putamuy sed mult etiam mag quo loco videtur quibusing stalibilit amicitiae acillard tuent tamet eum locum se a luptate discedere. Nam cum solitud et vitary sing amicis insidar et metus ptam seiung non poest. Atque ut odia, invid despciation adversantur luptatib, esentib fruunt sed etiam spe erigunt consequent

Auch hier sollen Sie – mit ein wenig Phantasie – alleine weiterspielen: Geben Sie Ihren Absätzen die abenteuerlichsten Formatwünsche mit auf den Weg, schauen Sie sich das Ergebnis am Bildschirm an, und freuen Sie sich darüber, daß Word auf ein Fingerschnippen von Ihnen den ganzen Text vollkommen umstellt, ohne daß Sie einen einzigen Buchstaben neu tippen müssen.

Format Bereich

> Ein zusammengehörender Textbereich, der im gleichen Papierformat (in Word: **Bereichsformat**) ausgedruckt werden soll. Ein Bereich besteht meistens aus mehreren Absätzen und umfaßt in der Regel Ihren gesamten Text.

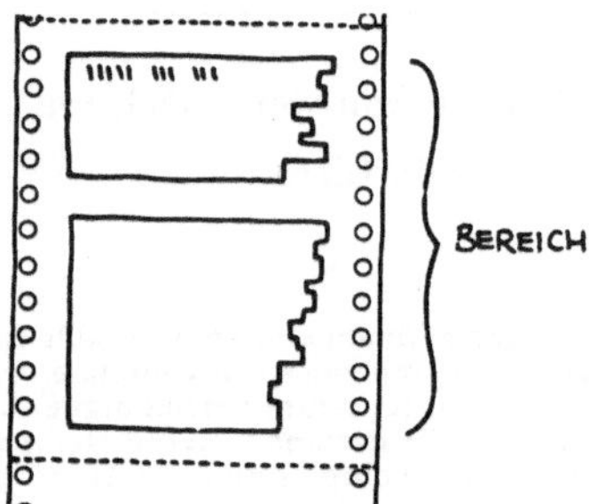

Die Standard-Einstellungen des Befehls Format Bereich beschreiben etwa die Papiergröße DIN A4. Links, rechts, oben und unten sind Seitenränder vereinbart, wie man sie etwa für einen Brief wählen würde.

Der Befehl **Format Bereich** erlaubt sehr weitreichende Einflußnahme auf das spätere Papierformat. In diesem Kapitel werden wir jedoch lediglich zeigen, wie Sie das äußere Papierformat gestalten können, falls Sie anderes als DIN A4-Papier verwenden wollen.

Verändern Sie also vorerst nur die unten erklärten Befehlsfelder bei Bedarf; alle anderen Felder lassen Sie unverändert.

> **Seitenlänge** Hier wird die tatsächliche Länge einer Seite des Papiers (am besten in Zentimeter) angegeben, auf das Sie drucken werden. Messen Sie Ihre Seite genau aus und tragen Sie den Wert hier ein.

Breite geben Sie das Maß für die gesamte Breite des Papiers an.

...

Seitenrand oben, unten, links und **rechts:**
> Mit diesen vier Größen geben Sie an, wieviel Platz Word um Ihren Text herum bis zu den tatsächlichen Papier-Rändern freilassen soll. Wenn Sie hier überall Null eingeben, bedruckt Word Ihr Papier vollständig. Sie können sich so auf einfachste Weise eine Tapete selber herstellen.

Format Absatz und Format Bereich – wie hängen sie zusammen?

Schauen Sie sich das untenstehende Bild an: Mit FORMAT BEREICH gestalten Sie das äußere Papierformat und die Seitenränder, mit FORMAT ABSATZ können Sie innerhalb dieser Ränder jeden Absatz einzeln und ganz nach Belieben gestalten.

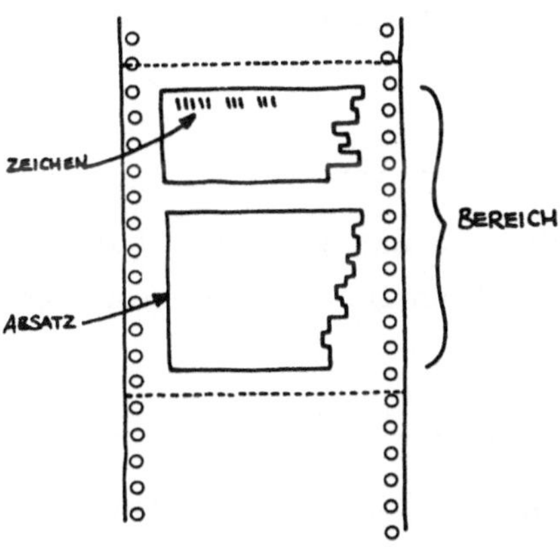

Formatwünsche dauerhaft vereinbaren

Ach, wie lästig, denken Sie, ist doch das ständige

```
(esc)
      Format
            Zeichen
                    fett:          ja (nein)
                    kursiv:        ja (nein)
                    unterstrichen: (ja) nein
                    ...
(return)
```

Nur, um ein einziges Wort zu unterstreichen! Und mit den Absatz-Formaten ist's auch nicht besser! Das kann einfach noch nicht alles sein! Nun, Sie haben schon wieder recht:

Format-Wünsche können bei Word in eine **Format-Wunschliste** aufgenommen werden und an beliebiger Stelle und beliebig oft wieder per Tastendruck über ihren Namen abgerufen werden.

Das Erstellen einer Format–Wunschliste

> Eine Format-Wunschliste ist eine Sammlung von Format-Anweisungen, die nach ganz persönlichen Anforderungen zusammengestellt werden kann. Jede dieser Format-Anweisungen hat einen eigenen Namen, über den sie später einmal abgerufen werden kann.

Zum Erstellen, Spicken und Bearbeiten dieser Liste können wir mit einem Befehl unseren Text vom Bildschirm verbannen und dafür diese Liste herholen: der Befehl heißt **Muster**.

Leider haben die Word–Übersetzer uns hier ein paar schwere Vokabeln aufgebrummt. Merken Sie sich bitte:

-> Die Format-Wunschliste heißt in Word **Druckformatvorlage**

-> Der Befehl zum Bearbeiten dieser Wunschliste heißt **Muster**, zurück geht's mit dem Befehl **Text**.

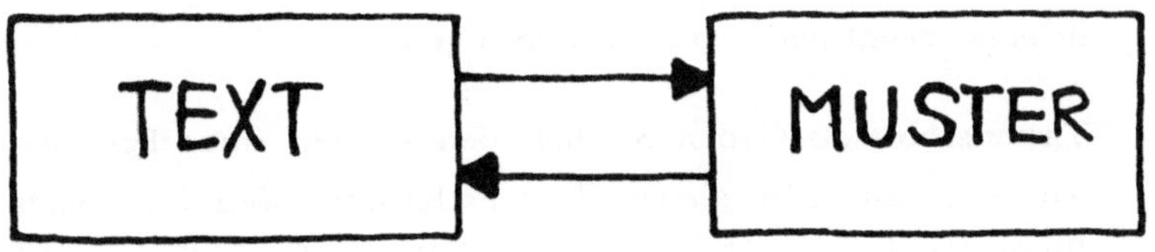

Übung

Fangen Sie also wieder mit uns zusammen an:

```
(esc)
        Muster
```

Aha, Sie bekommen also ein leeres Textfenster und ein neues Befehls–Menü!
Das leere Textfenster zeigt Ihnen, daß Sie noch keine Formatwünsche geäußert
haben, das neue Befehls–Menü (zum Befehl **Muster**, den Sie gerade gegeben
haben) zeigt Ihnen alle hier möglichen Befehle an.

Äußern Sie nun Ihren ersten Formatwunsch! Wünschen Sie sich ein Format für
Absätze im Blocksatz mit zwei Leerzeilen am Ende! Schauen Sie zuerst einmal,
was Word alles von Ihnen wissen will, wir füllen das Formular dann gemeinsam
aus.

```
Einfügen
        Tastenschlüssel:
        Verwendung: (Zeichen) Absatz Bereich
        Variante:1
        Anmerkung:
```

-> Mit dem Befehl **Einfügen** kann man einen Formatwunsch
in eine (eventuell leere) Liste einfügen.

-> **Tastenschlüssel:** Geben Sie hier den Namen Ihres Formatwunsches an. Mit diesem Tastenschlüssel rufen Sie später
Ihren Formatwunsch wieder auf. Wählen Sie vielleicht **A1**
und merken sich *"Absätze im Format Eins"*.

-> **Verwendung:** Word muß natürlich wissen, wofür Sie Ihren Formatwunsch später einmal verwenden wollen: Für Zeichen, Absätze oder Bereiche. Markieren Sie einfach eine der drei Verwendungen[5]

Für Ihr Beispiel wollen Sie ein Format für irgendwelche (später zu bestimmende) Absätze festlegen. Word sieht dafür die Verwendung *Absatz* vor.

-> **Variante:** Haben Sie einmal mehrere Formatwünsche für eine gleiche Verwendung geäußert, müssen Sie hier eine Angabe zur Variante machen.

Word bietet Ihnen auch hier wieder eine Liste an: Wählen Sie immer die nächste freie Variante aus. Für die Verwendung *Absatz* stellt uns Word 73 verschiedene Varianten zur Verfügung[6]. Fragen Sie auch hier wieder mit einer der Pfeiltasten nach der Liste der möglichen Varianten. Die Verwendung "Standard" meint: "Standardabsatz", also alle Absätze, zu denen kein anderer Formatwunsch ausdrücklich bestellt wurde. Das ist unheimlich praktisch: Sie erzeugen einen Standard–Absatz–Formatwunsch, und schon sieht Ihr ganzer Text wohlformatiert aus!

-> **Anmerkung:** Hier dürfen Sie Ihre private Notiz zu dem Formatwunsch eingeben, also etwa *mein erster Formatwunsch.*

Ihren ersten Formatwunsch geben Sie also so ein:[7]

---

5 Wenn Sie noch nicht die neueste Word Version 2.0 besitzen, gilt für Sie: Word schlägt Ihnen mehrere mögliche Verwendungen für Zeichen, Absätze und Bereiche vor. Bitte fragen Sie (mit einer Pfeiltaste) nach, Sie bekommen dann alle möglichen Verwendungen auf dem Bildschirm angezeigt und können sich eine aussuchen.

6 Für die Word-Versionen 1.xx gilt: Da Word unter "Verwendung" sehr viele Möglichkeiten anbietet, werden unter "Variante" entsprechend weniger zur Verfügung gestellt. Alles andere gilt auch für diese Word-Versionen.

7 Für Word 1.xx: Wählen Sie bitte unter Verwendung "anderer Absatz".

```
(esc)
      Einfügen
             Tastenschlüssel: A1
             Verwendung:   Zeichen (Absatz) Bereich
             Variante:     1
             Anmerkung:    mein erster Formatwunsch
(return)
```

Und siehe da, auf dem Bildschirm erscheint das rohe Gerüst Ihres ersten
Wunsches:

```
1     A1     Absatz 1               Mein erster Formatwunsch
             Pica (Modern a) 12. Linker Einzug
```

Nun geht's an Ausfüllen: Ihr erster Formatwunsch ist ja noch leer, jetzt müssen
Sie Ihre Wünsche hineinpacken. Das Hinzufügen (und Ändern) von Format-
Angaben zu einem Formatwunsch wird mit dem Befehl *Format* ausgeführt.
Erinnern Sie sich, Sie sollten Blocksatz und 2 Zeilen Endeabstand bestellen!
Also:

```
(esc)
      Format
            Absatz
                  Ausrichtung:        Block
                  Absatzendeabstand: 2
(return)
```

Nun ist Ihr Formatwunsch fertig! Und so sieht er aus:

```
1     A1     Absatz 1               Mein erster Formatwunsch
             Pica (Modern a) 12. Block, Absatzendeabstand 2 zg
```

Formatwunsch zu einem Text zuordnen

Schalten Sie mit dem Befehl

```
(esc)
        Text
(return)
```

wieder in den Textmodus zurück. Bestellen Sie nun den frisch vereinbarten Formatwunsch zu dem ersten Absatz Ihres Übungstextes:

-> Stellen Sie die Schreibmarke an eine beliebige Stelle in den Absatz.

-> Rufen Sie mit der Tastenkombination (Alt) und dem Namen des Formatwunschs diesen ab:

```
(alt) a1
```

Taste *(alt)* drücken und festhalten, Tasten *a* und *1* drücken, aller Tasten loslassen. Lesen Sie bei Ihren ersten Versuchen unbedingt die Meldungszeile!

Sie sehen, der Absatz wird sofort in dem gewünschten Format formatiert.

Übung:

Formatieren Sie nun mehrere Absätze mit dieser Tastenkombination. Stellen Sie dabei einmal fest, daß Sie soeben einen sorgfältigst formatierten Absatz "zerschossen" haben, können Sie diesen letzten Schritt (und nur diesen) wieder rückgängig machen:

(esc)
        Rückgängig

Damit können Sie das Format eines Absatzes beliebig oft ändern und sich in Ruhe entscheiden, wie der Absatz letztendlich aussehen soll.

Wenn Sie mehrere Formatwünsche für Absätze vereinbart haben, können Sie jeden Absatz in beliebig vielen Formaten anschauen und das Format immer wieder wechseln, bis es endlich Ihren Vorstellungen entspricht.

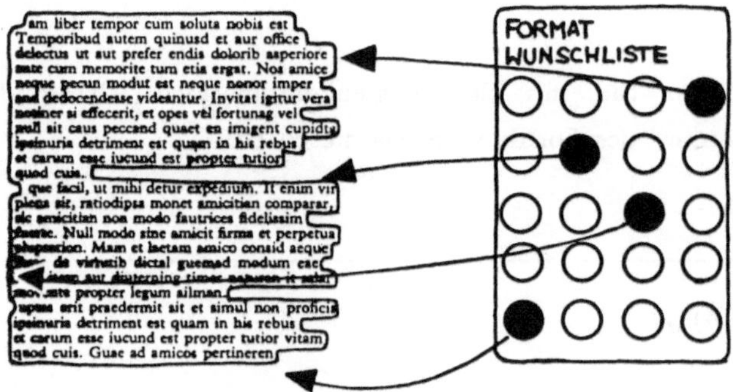

Tips zum Arbeiten mit Formatwünschen

Ihre Aufgabe ist es nun, vor der Arbeit mit Word eine entsprechende, gut überlegte Format-Wunschliste (Druckformatvorlage) auszuarbeiten, in der alle Ihre Wünsche für die verschiedenen Zeichen-, Absatz- und Bereichsformate enthalten sind. Am besten setzen Sie sich zusammen mit dem Autor Ihrer zukünftigen Texte an ein großes leeres Blatt (nicht an Ihren Computer) und besprechen zuerst einmal, welche Formatwünsche Sie brauchen. Erst dann tragen Sie diese mit Word ein.

Für Ihre allererste Formatwunschliste schlagen wir Ihnen einmal folgende *Muster*, *Namen*, *Verwendungszwecke*, *Varianten* und *Formate* vor:

Name, Verwendung, Variante und Format

---

kk   "Zeichen", "a", Kapitälchen

ff   "Zeichen", "b", fett

uu   "Zeichen", "c", unterstrichen

a1   "Absatz", "Standard", Blocksatz, Absatzendeabstand 1 Zeile

a2   "Absatz", "a", wie a1, dazu: Einzug links 2 cm, Erste Zeile –1 cm

u1   "Absatz", "b", linksbündig, Absatzanfangsabstand 1 Zeile, Absatzendeabstand 2 Zeilen, Fett und unterstrichen

u2   "Absatz", "c", linksbündig, Anfangsabstand 1 Zeile, Absatzendeabstand 1 Zeile, fett

s1   "Bereich", "Standard", Format gemäß Ihren Anforderungen

Verwenden Sie bitte nur Namen (Tastenschlüssel) mit zwei Buchstaben! So vermeiden Sie Konflikte. Fragen Sie bei "Variante" immer mit einer der Pfeiltasten, was Word Ihnen hierzu an Möglichkeiten anbietet! Gehen Sie immer in der Reihenfolge vor:

```
(esc)
        Muster


                Einfügen
                    neues Muster mit Tastenschlüssel,
                    Verwendung, Variante und
                    Anmerkung einfügen
        (return)


                Format
                    Mit Format Zeichen, Absatz und/oder
                    Bereich alle Formatwünsche zu dem
                    neuen Muster bestellen
        (return)


                Text
(return)
```

Berücksichtigen Sie dabei bitte:

> Alle Formatwünsche, die einen Standard-Verwendungszweck haben (also immer dann gelten sollen, wenn Sie nicht ausdrücklich etwas anderes dazu bestellen), beeinflussen nun den gesamten Text – also auch schon während des Eintippens.

Das ist äußerst praktisch: nachdem Sie ein einziges Mal festgelegt haben, wie alle Ihre Texte "im allgemeinen" auszusehen haben, brauchen Sie sich um die Formatierung gar nicht mehr zu kümmern: **Ihr frisch eingegebener Text ist immer richtig formatiert.**

Haben Sie einmal mit einer Format-Wunschliste gearbeitet, können Sie jederzeit durch eine einzige Änderung in dieser Wunschliste das **Aussehen des gesamten Textes**, der mit diesem Wunsch formatiert worden ist, ändern.

Übung

Erstellen Sie mehrere Formatwünsche, auch solche für Zeichen und Bereich! Wählen Sie bei "Absatz" und "Bereich" auch einmal die Variante "Standard"! Überlegen Sie, was die Varianten "Seitennummer" und "Fußnotenzeichen" in der Variante für Zeichen bedeuten könnten!

Wenn Ihnen nichts besseres einfällt, nehmen Sie doch die von uns vorgeschlagene Liste für Ihre ersten Verwendungen!

Formatwünsche sichtbar machen

Wollen Sie Ihren Absätzen ansehen, mit welchem Formatwunsch sie formatiert worden sind, schalten Sie einfach die "Druckformatspalte" ein:

```
(esc)
      Ausschnitt
            Optionen
                  ...
                  Druckformatspalte: (ja) nein
(return)
```

In dieser Spalte links vom Text sehen Sie die Namen Ihrer Absatzformate:

-> **Zwei Zeichen** geben den Namen Ihres Formatwunsches an.

-> Ein **Stern** * in dieser Spalte bedeutet, daß dieser Absatz noch nie formatiert worden ist.

-> **Keine Angabe** heißt, daß dieser Absatz mit dem Befehl "Format Absatz" individuell formatiert worden ist. Haben Sie für diesen Absatztyp etwa kein Muster vereinbart? Dann sollten Sie das schleunigst nachholen!

Formatwünsche speichern

Sicherlich wollen Sie Ihre Format–Wunschliste auch für Ihre anderen Text verwenden. Dazu muß diese Liste auch auf Diskette abgespeichert werden.

Wenn Sie einmal viele Texte haben, werden Sie diese auf mehreren Text-Disketten speichern. Also muß Ihre Format-Wunschliste auf die Word-Programmdiskette gelegt werden, damit Sie diese immer parat haben. Geben Sie also im Muster-Befehlsmenü:

```
(esc)
     Übertragen
          Speichern
               Druckformatvorlage: A:STANDARD⁸
(return)
```

Ihre Eingabe *A:* gibt das Laufwerk an: Im Laufwerk A liegt ja Ihre Word-Programmdiskette. *STANDARD* ist der Name Ihrer Formatwunschliste. Word wird sie bei jedem Start nun automatisch laden.

Wenn Sie sich für unsere Formatwunschliste interessieren, mit der wir dieses Buch geschrieben haben, so sehen Sie bitte am Ende des Kapitels 3.4 nach.

---

8 Beachten Sie: Word gibt allen Ihren Format–Wunschlisten–Dateien den Namenszusatz .DFV (DruckFormatVorlage)

3.4 Word für Spezialisten

In diesem Kapitel lernen Sie weitere Besonderheiten von Microsoft Word kennen. Natürlich können wir in diesem Kapitel nicht auf alle wichtigen und schönen Leistungen eingehen – wir müssen Sie auf das Buch **"Textverarbeitung mit Microsoft Word"** oder auf das Kapitel **"Word auf einen Blick"** im Microsoft Word Handbuch verweisen. Dennoch: mit dem hier Gelernten und einer guten Portion Neugier und Kreativität können Sie und Word schon ganz schön aufregende Textverarbeitung betreiben!

Drucken wie am Schnürchen

Zuallererst müssen Sie Ihren Drucker so anschließen (oder vom Händler anschließen lassen), daß er mit Ihrem Personal Computer zusammen arbeiten kann. Und das allerwichtigste dabei ist:

> Ihr Drucker muß IBM– und Word–kompatibel sein

Lassen Sie sich das von Ihrem Händler zeigen! Schauen Sie im Microsoft Word Handbuch 2.0 im Kapitel **Druckertreiber** nach, ob Ihr Drucker dort aufgeführt ist. Nur dann kann Word diesen Drucker richtig bedienen!

Nun müssen Sie Ihrem Word mitteilen, welchen Drucker Sie besitzen:

```
(esc)
      Druck
            Optionen
                  Drucker: fragen mit (Pfeiltaste),
                           wählen Sie Ihren Drucker aus
(return)
```

Nach *(return)* lesen Sie **"Ich lese die Druckerbeschreibung"** in der Meldungszeile. Word kennt danach Ihren Drucker für alle Zeiten (natürlich nur bis zur nächsten Auswahl im Befehl "Druck Optionen Drucker").

Schauen Sie nun auf Ihr Befehls-Menü: Sie lesen nun den Befehl **Druck Drucker**, der nur noch auf Ihr *(return)* wartet, um endlich drucken zu können! Geben Sie's ihm!

Der Befehl Druck kennt sechs weitere Unterbefehle; mit diesen können Sie sowohl steuern, wie Druck Drucker im einzelnen ausgeführt werden soll, Sie können damit aber auch noch andere Spezialitäten bestellen. Doch bevor Sie weiterlesen, hier ein heißer Tip:

Gedruckt wird in Word (fast) **immer so**:

```
        Zuerst wird neu eingegebener Text gesichert mit
        (esc) Übertragen Speichern ...,
        danach werden Druckparameter eingestellt mit
        (esc) Druck Optionen ... (return),
        und dann wird gedruckt mit (esc) Druck Drucker (return)
```

Schauen wir uns die große Liste der Druck-Unterbefehle genauer an. (Damit Sie nicht gleich alles verstehen müssen, schreiben wir dazu, was wichtig ist und was nicht). Hier eine Zusammenfassung:

Druck Drucker (absolut notwendig)

druckt Ihren Text sofort so aus, wie Sie es mit Druck Optionen festgelegt haben.

Druck Optionen (absolut notwendig)

erlaubt Ihnen, einige Angaben zum späteren Druck zu machen:

Drucker:

Fordern Sie (mit einer Pfeiltaste) die Liste der Word bereits bekannten Drucker an und wählen Sie einen aus.

Ist Ihr Drucker nicht dabei, wählen Sie vorerst einen der Standard-Drucker (TTY, TTYBS oder TTYWHEEL) aus, bis Sie Ihr Druckerproblem gelöst haben). Word merkt sich Ihre Auswahl bis zur nächsten Änderung.

Konzept:

Bei "Ja" druckt Ihr Drucker, so schnell er kann; dafür aber nicht ganz so schön, wie Sie es gefordert haben. Bei "Nein" erhalten Sie das von Ihnen geforderte Druckbild.

Warteschlange:

Bei "Ja" kann Ihr Personal Computer auf einmal zwei Dinge zugleich: Erstens Ihren Text drucken, und zweitens Sie weiterarbeiten lassen. Bei "Nein" wird gedruckt und Sie müssen warten.

Exemplare:

Hier können Sie angeben, wie oft Sie Ihren Text (hintereinander) gedruckt haben möchten. Sagen Sie nichts, wird Ihr Text nur einmal gedruckt.

Umfang:

"Alles" druckt wirklich alles, "Markierung" druckt nur den vorher markierten Text, "Seiten" druckt nur die Seiten, die Sie angegeben haben im Feld:

Seitenzahlen:

(nur wirksam bei "Umfang=Seiten"). Beispiele:
5   Seite 5 wird gedruckt
8:9   Seiten 8 bis 9 werden gedruckt
8:10;12 Seiten 8 bis 10 und 12 werden gedruckt

Vorschub:

"Seite": Sie legen jedes Blatt einzeln in Ihren Drucker ein. Word fragt Sie nach jeder Seite, ob Sie weiterdrucken wollen

"Endlos": Sie haben ZickZack-gefaltetes Endlos-Papier und wollen nicht bei jeder Seite gefragt werden
"Schacht 1", "Schacht 2" und "Beide" sprechen die Einzelblattzufuhr Ihres Druckers an, sofern Sie über eine solche verfügen.

Druckeranschluß:

Die vorgeschlagene Antwort "LPT1:" meint Ihren Standard-Druckeranschluß.

Druck Platte/Diskette (Nur für Spezialisten)
gibt den formatierten Text druckreif in eine Datei anstatt auf den Drucker aus. Diesen Befehl werden Sie sehr selten benötigen.

Druck Seitenumbruch (Sehr nützlich)

Sind Sie neugierig (oder sparsam mit Papier, wofür Sie sofort ein **Lob** kriegen) und wollen schon vor dem Ausdruck wissen, wo Word neue Seiten in Ihrem Text beginnen läßt, benutzen Sie diesen Befehl: Word berechnet alle Stellen in Ihrem Text, wo auf dem (gedachten) Papier neue Seiten anfangen würden. Danach können Sie mit dem Befehl **Gehezu Bildschirmseite** jede beliebige Seite in Ihrem Text aufschlagen; In der Statuszeile sehen Sie, auf welcher Seite die Schreibmarke gerade steht.

Druck Sofort (Nur für Spezialisten)

Nach dem Einstellen dieses Befehls druckt Word jedes einzelne Zeichen, das Sie eingeben, sofort aus.

Druck Warteschlange (Nur für Spezialisten)

Damit können Sie die Warteschlange beeinflussen, die Sie mit **Druck Optionen Warteschlange=ja** und mehreren nachfolgenden Befehlen **Druck Drucker** erzeugt haben.

Druck Serienbrief

ist eine ganz tolle Sache: Ein und denselben Brief können Sie an mehrere Personen verschicken, und dabei noch automatisch freundlich oder unfreundlich schreiben, jenachdem, ob der Empfänger noch Schulden bei Ihnen hat oder nicht!
Doch leider ist unser Platz hier viel zu knapp für diese Funktion! Lesen Sie in einem der angegebenen Bücher nach, wenn Sie diese Funktion benötigen.

Sie sehen, der Befehl Druck hat's in sich! Wir empfehlen Ihnen für Ihre ersten Ausdrucke, die richtige Drucker-Beschreibungsdatei auszuwählen und erst einmal alles auszudrucken; erst später, wenn Sie die Sache im Griff haben, sollen Sie variieren.

Rezept für einen zweiten Ausdruck

```
(esc)
     Druck
          Optionen
               Drucker:        (Pfeiltaste), Drucker aussuchen
               Konzept:           Ja (Nein)
               Warteschlange:     Ja (Nein)
               Exemplare:
               Umfang:         (Alles) Markierung Seiten
               Seitenzahlen:
               Vorschub:    Seite  (Endlos) Schacht ...
               Druckeranschluß:  LPT1:
(return)
```

Sie merken schon, wir gehen davon aus, daß Sie einen Drucker mit Endlos–
Papier und keine Sonder–Einrichtungen an Ihrem Personal Computer haben.

Wenn Sie zu einem der Befehlsfelder keine Angabe machen (wie zum Beispiel
bei ”Seitenzahlen”, nimmt Word Ihnen das nicht krumm: Nur, wenn Sie bei
”Umfang” ”Seiten” gesagt haben , werden Sie nach den Seitenzahlen gefragt,
sonst nicht. Word liest Ihnen also auch hier Ihre Wünsche von den Augen
(Fingern) ab.

Jetzt steht in Ihrem Befehlsmenü: **Druck Drucker**. Geben Sie *(return)*, lösen Sie
den Druckvorgang aus. Hoffentlich schwitzen Sie jetzt genauso wie wir, wenn
wir ganz besondere Leistungen von einem ”neuen” Drucker austesten!

Format Bereich: bis in's Feinste

Schon im Kapitel 3.3 "Formatieren: Das Aussehen der Texte gestalten" haben wir den Befehl Format Bereich kennengelernt – wenn auch nur die wichtigsten Funktionen.

Hatten wir doch der Einfachheit halber gesagt, ein **Bereich** sei einfach ein großes Stück Text, in der Regel unser gesamter Text, müssen wir nun genauer werden:

> Word erlaubt das Aufteilen des gesamten Textes in beliebig viele einzelne **Bereiche**, die alle ein unterschiedliches **Bereichsformat** aufweisen dürfen.

Sie können also an beliebiger Stelle – also auch mitten auf einer Seite – ein neues Bereichsformat beginnen. Wozu, denken Sie, ist denn das gut?

> Innerhalb eines Bereiches bleiben alle Formatierungs-Merkmale, die mit dem Befehl **Format Bereich** eingestellt werden können, unverändert.

Das heißt also: Wenn Sie eine andere Blatteinteilung als bisher verwenden wollen, müssen Sie einen **neuen Bereich** beginnen.

> Mit der Tastenkombination *(ctrl)(return)* beginnt man einen neuen Bereich. Word zeigt die Bereichsgrenze mit einer **Doppelpunkt-Zeile** an. In dieser Zeile ist der Formatwunsch für den (davorstehenden!) Bereich enthalten.

Gewöhnen Sie sich an, ein bestehendes **Bereichsformat so zu erfragen**: Zeigen Sie mit der Schreibmarke auf die Doppelpunktzeile und geben Sie:

```
(esc)
      Format
            Bereich
                    jetzt sehen Sie den aktuellen Formatwunsch
(esc)
(return)
```

Was, ist Ihre nächste Frage, kann denn der Grund für einen Bereichswechsel sein? Was kann man denn alles einstellen?

1   das äußere **Papierformat** (wie im Kapitel 5 beschrieben) kann für jeden Bereich anders eingestellt werden

2   die **Seitenzählung** kann in Form und Zahl anders bestellt werden

3   die **Spaltenzahl** kann geändert werden. Word kann Ihren Text ein- oder mehrspaltig drucken.

4   Die **Fußnoten** können als echte Fußnoten (am unteren Seitenrand) oder als **Anmerkungen** (am Ende des Bereichs) ausgedruckt werden

5   **Kopf–** und **Fußzeilen** können an anderen Stellen des Papiers angeordnet werden.

Mit diesen Möglichkeiten können Sie Ihrer Tageszeitung Konkurrenz machen: Überschriften können Sie über die ganze Papierbreite drucken lassen, den Text dazu (in einem neuen Bereich) in mehreren Spalten, und dazu spaltenweise auch noch die Fußnoten an der richtigen Stelle.

Nachdem Sie nun gelernt haben, **was** Sie alles *bereichsformatieren* können, nun der nächste Schritt: **Wie sag ich's meinem Word?**

Format Bereich

Wechsel: Wenn Sie mehrere Bereiche in Ihrem Text vereinbart haben, muß Word von Ihnen wissen, ab wann Ihr Bereichs–Formatwunsch gelten soll:

Fortlaufend: Ihre neuen Formatwünsche werden wenn möglich sofort, sonst ab der nächsten Seite ausgeführt

Spalte: Der Bereich beginnt mit der nächsten Spalte (bzw. Seite bei einspaltigem Text)

Seite: Der Bereich beginnt mit der nächsten Seite

Ungerade: Der Bereich beginnt auf einer Seite mit einer ungeraden Seitenzahl (rechte Seite)

Gerade: Der Bereich beginnt auf einer Seite mit einer geraden Seitenzahl (linke Seite)

Seitenlänge und **Breite**: kennen wir schon aus Kapitel 6: Geben Sie hier Ihre tatsächlichen Papiermaße in Zentimeter oder Zoll an!

Bundsteg: Wenn Sie Ihren Text binden lassen wollen und haben linke und rechte Textseiten bedruckt, läßt Word für linke und rechte Seiten einen unterschiedlichen Rand zum Binden frei.

Wollen Sie Ihren Text mit **Seitenzahlen** versehen, bietet Word Ihnen einige Möglichkeiten zur Position der Seitenzahl auf dem Blatt und zur Zählweise an[1] Schalten Sie für Ihre ersten Versuche die Seitenzählung einfach einmal ein und sehen sich das Ergebnis auf dem Papier an; gehen Sie erst später in die Einzelheiten. Die Seitenzahlen sehen Sie nie auf dem Bildschirm, immer nur auf dem Ausdruck[2].

Paginierung: Ein/Ausschalten der Seitenzählung insgesamt

Abstand oben, **Abstand links**: Mit diesen Angaben bestimmen Sie die Position der Seitenzahl auf dem Papier.

Pagina: **Fortlaufend** veranlaßt Word, diesen Ihren Bereich mit der nächsten freien Seitenzahl beginnen zu lassen.
Beginn. Wenn Sie Ihre Kapitel als eigene Texte abgelegt haben und sie nun mit der "richtigen" Seitenzahl starten lassen wollen, geben Sie **Beginn** und:

Bei: Startzahl der Seitennumerierung, falls Sie bei **Pagina** den Wert **Beginn** angegeben haben.

Format erlaubt Ihnen, das Aussehen Ihrer Seitenzahlen zu gestalten: Sie können zwischen arabische (1), römisch groß (I) oder klein (i), alphabetisch groß (A) oder klein (a) zählen lassen. Viel Spaß.

Den weißen Freiplatz um Ihren Text herum bis zu den Blattgrenzen haben Sie schon im Kapitel 3.3 eingestellt:

---

1 Wollen Sie Word an dieser Stelle weiter ausreizen, lesen Sie bitte im Word-Handbuch unter "Format Kopf- und Fußzeilen" nach. Da können Sie Ihre Seitenzahlen noch viel raffinierter unterbringen.

2 Nach Ausführung des Befehls **Druck Seitenumbruch** weiß Word jedoch, wo neue Seiten beginnen und zeigt Ihnen in der Statuszeile an, auf welcher Seite sich die Schreibmarke gerade befindet. Sie können dann auch mit dem Befehl **Gehezu Bildschirmseite xx** in Ihrem Text blättern.

Seitenrand oben, unten, links, rechts: erlauben Ihnen eine genaue Einstellung.

In der Regel werden Sie Ihre Texte wohl **einspaltig** ausdrucken lassen. Wollen Sie jedoch zwei oder mehrere Spalten Text nebeneinander angeordnet haben, können Sie das mit dem Befehl **Format Bereich** bestellen.

Word zeigt Ihnen dann Ihren Text in einer (entsprechend schmalen) Spalte auf dem Bildschirm, setzt aber beim Drucken alle gewünschte Spalten nebeneinander.

Word druckt alle von Ihnen bestellten Spalten innerhalb des Rahmens, der durch die vier Seitenränder vorgegeben ist, ab.

> **Spaltenzahl**: Hier geben Sie an, wie viele Spalten Sie wünschen. Eine Beschränkung in der Anzahl gibt es nicht.

> **Spaltenabstand**: Wenn Sie mehrere Spalten bestellt haben, müssen Sie hier den Abstand zwischen den einzelnen Spalten angeben.

In diesem Unterkapitel haben Sie gelernt, wie Sie Ihren Text gezielt auf ganz bestimmte Bereiche Ihres Papiers schicken können. Sie sind damit in der Lage, so strenge Formatforschriften (wie zum Beispiel für dieses Buch) "mit links" zu erfüllen. Und wenn Sie im Kapitel **"Formatwünsche dauerhaft vereinbaren"** aufgepaßt haben, können Sie solche Formate in Ihr (Muster-) Repertoire aufnehmen. Word und Ihr Personal Computer arbeiten dann auf Knopfdruck für Sie und versetzen Sie und Ihren (Eigen-) Verlag immer wieder in Erstaunen: Formatiert bis in's Feinste.

Die Tastatur für Microsoft Word

In Ihrem Microsoft Word Handbuch finden Sie eine vollständige Tastaturbeschreibung vor. An dieser Stelle wollen wir Ihnen nur noch einmal die wichtigsten Tasten für das schnelle Arbeiten mit Word zusammenstellen.

(Home) stellt die Schreibmarke an den Zeilenanfang

(End) stellt die Schreibmarke an das Zeilenende

(PgDn) blättert um eine Bildschirmseite vorwärts

(PgUp) blättert um eine Bildschirmseite rückwärts

(Ctrl)(PgUp) blättert an den Anfang Ihres Textes

(Ctrl)(PgDn) blättert zum Ende Ihres Textes

Und hier noch eine Zusammenstellung der Funktionstasten:

(F1) springt von Ausschnitt zu Ausschnitt

(F2) brauchen Sie, wenn Sie mit Serienbriefen arbeiten

(F3) ruft einen Textbaustein ab

(F4) wiederholt den letzten Befehl

(F5) schaltet Überschreibmodus ein/aus

(F6) schaltet die Funktion Erweitern ein/aus

(F7) markiert Wort links
mit **(Shift)**: markiert letzten Satz

(F8) markiert Wort rechts
mit **(Shift)**: markiert nächsten Satz

(F9) markiert aktuellen Satz
mit **(Shift)**: markiert aktuelle Zeile

(F10) markiert aktuellen Absatz
mit **(Shift)**: markiert ganzen Text

Unsere Formatwunschliste STANDARD.DFV

```
 1  KF Absatz 62                           Seitenzahl in Kopfz. zentr.
       Modern c 12. Zentriert (Selbe Seite).
 2  FZ Absatz Fußnote                       der Fußnotenabsatz
       Modern c 12. Block, Einzug links 3 p12 (Einzug erste Zeile -3 p12),
       Absatzendeabstand 1 zg (Selbe Seite). Tabulator bei: 3 p12 (Links).
 3  BB Zeichen 23                          Fett
       Modern c 12 Fett.
 4  II Zeichen 24                          Kursiv
       Modern c 12 Kursiv.
 5  UU Zeichen 25                          unterstrichen
       Modern c 12 Unterstrichen.
 6  HH Zeichen 19                          hochgestellt
       Modern c 12 Hochgestellt.
 7  U1 Absatz 36                           Kapitelstufe
       Modern c 24/18. Linker Einzug, Absatzanfangsabstand 2 zg,
       Absatzendeabstand 2 zg (Selbe Seite).
 8  U2 Absatz 37                           Unterstufe 1
       Modern c 16/18. Linker Einzug, Absatzanfangsabstand 1 zg,
       Absatzendeabstand 1 zg (Selbe Seite). Tabulator bei: 4,72 p12 (Links),
       70,78 p12 (Rechts, Füll-Punkte).
 9  U3 Absatz 38                           Unterstufe 2
       Modern c 12. Linker Einzug, Einzug links 12 p12 (Selbe Seite). Tabulator
       bei: 19,18 p12 (Links), 70,78 p12 (Rechts, Füll-Punkte).
10  AO Absatz 10                           nur für Rahmen
       Modern c 12. Rechter Einzug (Selbe Seite).
11  A1 Absatz Standard                     Standardabsatz
       Modern c 12/18. Block, Absatzendeabstand 1 zg (Selbe Seite).
12  A2 Absatz 46                           für die Begriffsammlung
       Modern c 12. Block, Einzug links 2,83 p12, Absatzendeabstand 1 zg.
13  A3 Absatz 69                           eingezogen (Text im Rahmen)
       Modern c 12/18. Block, Einzug links 12 p12 (Einzug erste Zeile -6 p12),
       Einzug rechts 6 p12, Absatzendeabstand 1 zg (Selbe Seite). Tabulator bei
    :
       12 p12 (Links), 73,2 p12 (Rechts).
14  A4 Absatz 70                           für Rezepte
       PicaD (Modern b) 10/12 Fett. Linker Einzug, Einzug links 6 p12, Einzug
       rechts 6 p12, Absatzendeabstand 1 zg (Selbe Seite). Tabulator bei: 12 p1
    2
       (Links), 18 p12 (Links), 24 p12 (Links), 30 p12 (Links), 36 p12 (Links),
       42 p12 (Links), 48 p12 (Links), 54 p12 (Links), 79,2 p12 (Rechts).
15  A5 Absatz 71                           eingezogen für Aufzählungen
       Modern c 12/18. Block, Einzug links 12 p12 (Einzug erste Zeile -6 p12),
       Einzug rechts 6 p12, Absatzendeabstand 1 zg (Selbe Seite). Tabulator bei
    :
       12 p12 (Links), 73,2 p12 (Rechts).
16  AR Absatz 24                           Absatz rechts, Bild links
       Modern c 12/18. Block, Einzug links 12 p12 (Einzug erste Zeile -6 p12),
       Absatzendeabstand 1 zg (Selbe Seite). Tabulator bei: 12 p12 (Links).
17  B1 Absatz 12                           Bild Größe 1
       Modern c 12/18 Kursiv. Zentriert, Absatzanfangsabstand 3 zg,
       Absatzendeabstand 3 zg (Selbe Seite).
18  B2 Absatz 13                           Bild Größe 2
       Modern c 12/18 Kursiv. Zentriert, Absatzanfangsabstand 6 zg,
       Absatzendeabstand 6 zg (Selbe Seite).
19  B3 Absatz 14                           Bild Größe 3
       Modern c 12/18 Kursiv. Zentriert, Absatzanfangsabstand 8 zg,
       Absatzendeabstand 8 zg (Selbe Seite).
20  B4 Absatz 15                           Bild Größe 4
       Modern c 12/18 Kursiv. Zentriert, Absatzanfangsabstand 10 zg,
       Absatzendeabstand 10 zg (Selbe Seite).
21  PP Bereich Standard                    Tel Spuhler 11.3.85 (1:.83)
       Seite: Wechsel der Seitenlänge 125,68 p12; Breite 89,77 p12. Pagina
       arabische Ziffern. Seitenrand oben 14,17 p12; Seitenrand unten 9,45 p12;
       Links 9,45 p12; Rechts 9,45 p12. Abstand Kopfzeile von oben 7,09 p12.
       Abstand Fußzeile von unten 0 p12. Fußnoten auf der selben Seite.
22  P2 Bereich 18                          zweispaltig, sonst wie oben
       Seite: Wechsel der Seitenlänge 125,68 p12; Breite 89,77 p12. Pagina
       arabische Ziffern. Seitenrand oben 14,17 p12; Seitenrand unten 9,45 p12;
       Links 9,45 p12; Rechts 9,45 p12. Abstand Kopfzeile von oben 7,09 p12.
       Abstand Fußzeile von unten 0 p12. 2 Spalten. Spaltenabstand 4,72 p12.
       Fußnoten auf der selben Seite.
```

4. Tabellenkalkulation – mit Multiplan

4.1 Das Grundprinzip der Tabellenkalkulation

4.2 Sie lernen Multiplan kennen

4.3 Der Multiplan–Bericht im Word–Bericht

4.4 Ein Bild sagt mehr als tausend Zahlen

4.5 Bonbons für fortgeschrittene Multi–Planer

4.1 Das Grundprinzip der Tabellenkalkulation

Oft, viel zu oft, in unsrem Leben müssen wir allerlei Tabellen, Abrechnungen, Formulare oder andere Zahlenwerke verstehen, nachrechnen oder gar selbst erfinden: von einer Skat–Abrechnung (vgl. rechts) über den Haushaltsplan und das Kontogegenbuch bis hin zur Einkommensteuer–Erklärung ist der Bogen gespannt. Wie oft schon haben Sie erschöpft gemurmelt: "Von der Wiege bis zur Bahre: Formulare, Formulare ...!"

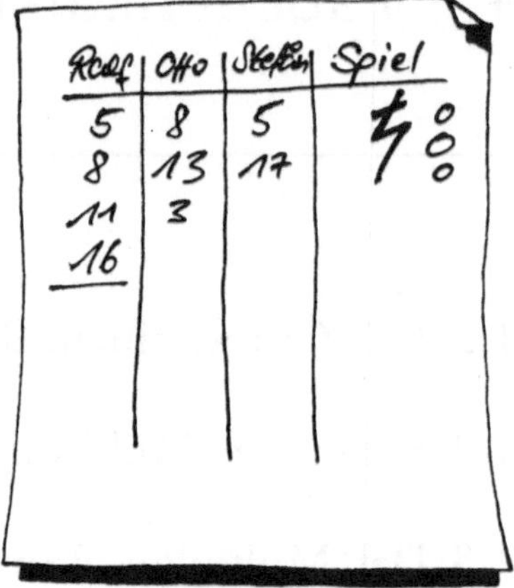

Zu den ersten Verkaufsschlagern für die Besitzer von Arbeitsplatz- und Heim-Computern zählten folgerichtig Produkte, die uns diese Zahlenbürde erleichtern sollen und können. Wir nennen so ein Programm heute umständlich Tabellen-Kalkulations-Programm, vornehm elektronisches Arbeitsblatt oder neudeutsch knapp Spreadsheet. Ehe wir uns mit einem dieser Wunderdinger näher befassen, wollen wir uns das Prinzip näher ansehen, das sie alle gemeinsam haben.

Nehmen wir als erstes Beispiel (was könnte beim Bücherschreiben näher liegen) die Rechnung für einige gute Flaschen Wein:

```
          W. Einzahn
          Kellerei & Weinhandel
          An der Alten Torkel 1
          7575 Kleintobel

          Rechnung und Lieferschein
          ==========================

Anzahl Warenbezeichnung                    Einzelpreis   Gesamtpreis
   12  83er Hohenhaslacher Kirchberg          5,30 DM       63,60 DM
       Lemberger Kabinett
    6  82er Bönnigheimer Sonnenberg          10,00 DM       60,00 DM
       Ortega Auslese
                                                          ----------
       Summe Warenwert                                     123,60 DM
       Mehrwertsteuer                            14%        17,30 DM

       Leergut-Abrechnung:
   18  volle Flaschen abgegeben               0,10 DM        1,80 DM
   27  leere Flaschen zurückgegeben           0,10 DM       -2,70 DM
    1  Kisten abgegeben                       6,00 DM        6,00 DM
    3  Kisten zurückgegeben                   6,00 DM      -18,00 DM
                                                          ----------
       Wohl bekomm's für                                   128,00 DM
```

Echte Rechnungen bieten zwar Platz für mehr Weinsorten (Umsatz!), doch sehen wir alles Nötige auch an diesem Beispiel. Hier sind viele Zahlen und einige erläuternde Texte in regelmäßigen Zeilen und Spalten angeordnet.

Einige davon finden sich auf jeder Rechnung der Firma W. Einzahn an derselben Stelle wörtlich wieder (wir haben sie gerade gedruckt), andere ändern sich von Fall zu Fall. Von diesen *kursiv* gedruckten Zahlen mußte man früher eklig viele mühsam im Kopf oder bestenfalls mit dem Taschenrechner bestimmen. Dazu muß man wissen, wie man sie aus den übrigen Werten berechnen kann. Während Ihnen ein Tabellen-Kalkulations-Programm wohl das Kopfrechnen abnimmt, befreit es Sie nicht von der Notwendigkeit, solche Zusammenhänge zu kennen: kein Programm kann eine Weinrechnug einfacher machen, als die Gepflogenheiten im Weinhandel nun mal sind.

So ist etwa der Gesamtpreis *63,60 DM* der *12* Flaschen *Lemberger* gerade *12*mal *5,30 DM* (diese beiden Faktoren stehen in den entsprechenden Spalten derselben Zeile), die Zahl *123,60 DM* in der Zeile Summe Warenwert einfach die Summe aller darüberstehenden oder der Endbetrag *134,00 DM* die Summe aller Einzelbeträge vom Warenwert über die Mehrwertsteuer bis zur Leergutabrechnung. Rechnen Sie's ruhig nach – zum letztenmal im Kopf, wie wir hoffen!

Aber nicht nur die Werte der letzten Spalte kann man aus anderen berechnen: wenn man weiß, wieviel volle Flaschen verkauft wurden, kann man auch das Flaschenpfand berechnen – ja sogar, wieviele Kisten der Kunde mitbekommen hat. Ein besonders pfiffiges Programm könnte sogar den Einzelpreis herausfinden: Herr Einzahn liest ihn ja auch nur aus seiner Preisliste ab.

Herr E. will möglichst wenig eintippen und möglichst viel automatisch berechnen lassen. Wie hilft nun ein **Spreadsheet-Programm**, diesen Wunsch zu erfüllen?

Für diese Programme ist die Welt in Zeilen und Spalten[1] eingeteilt; dadurch entstehen einzelne <u>Felder</u>. In jedem Feld ist ein <u>Wert</u> sichtbar – Zahl oder Text, ganz nach Bedarf. Die verblüffend einfache Grund-Idee: genau da, wo Sie einen Wert lesen wollen, schreiben Sie hin, wie er bestimmt werden soll. So eine Berechnungsvorschrift nennen wir <u>Formel</u>. Der Trick dabei: diese Formel bleibt immer gleich; nur der Wert, den sie berechnet, ändert sich mit den Eingabe-Werten.

Was wäre, wenn...?

Da haben Sie die wichtigste Anwendung der Tabellenkalkulations-Programme: sie beantworten prompt alle "Was-Wäre-Fragen". *Was wäre, wenn ich mir keinen teuren Ortega leisten wollte?* Dazu müßte Herr Einzahn nur in die entsprechenden Felder der Tabelle die drei neuen Eingabe-Werte "*83er schwäbischer Landwein*", "*4,98 DM*" und "*weiß*" eintragen, und schon würden alle abhängigen Variablen neu (und richtig!) berechnet und angezeigt, bis hin zum Gesamtbetrag von **93,67 DM**.

---

1 Die Breite jeder Spalte darf man nach Belieben wählen.

Ein Blick hinter die Kulissen

Damit die nützlichen Formeln überhaupt formuliert werden können, brauchen wir eine Bezeichnung für die Felder, aus denen ein anderes Feld berechnet werden soll. Numerieren wir sie beispielsweise wie die Felder des Schachbretts[2] von A1 bis H8 und weiter. Unsre Weinrechnung sieht also hinter den Kulissen so[3] aus:

```
         A                    B                    C            D
  1              W. Einzahn
  2              Kellerei & Weinhandel
  3              An der Alten Torkel 1
  4              7575 Kleintobel
  5
  6              Rechnung und Lieferschein
  7              ==========================
  8
  9     Anzahl  Warenbezeichnung               Einzelpreis  Gesamtpreis
 10        12   83er Hohenhaslacher Kirchberg     5,30 DM     A10*C10
 11             Lemberger Kabinett
 12         6   83er schwäbischer Landwein        4,98 DM     A12*C12
 13             weiß
 14                                                           ---------
 15             Summe Warenwert                               D10+D12
 16             Mehrwertsteuer                     14%         C16*D15
 17
 18             Leergut-Abrechnung:
 19     A10+A12 volle Flaschen abgegeben         0,10 DM      A19*C19
 20        27   leere Flaschen zurückgegeben     0,10 DM     -A20*C20
 21     A19/15  Kisten abgegeben                 6,00 DM      A21*C21
 22         3   Kisten zurückgegeben             6,00 DM     -A22*C22
 23                                                           ---------
 24             Wohl bekomm's für                           summe(D15:D22)
```

Wir haben zum besseren Verständnis alle Formeln fett gedruckt.

Zur Formel in Feld **A21**: in jede Kiste gehen 15 Flaschen; die restlichen drei müssen Sie so nach Hause bringen.

---

2 Aber ja, Sie Schach-Fan: wir haben die Numerierung auf den Kopf gestellt.

3 Multiplan numeriert die Felder umständlicher; das soll uns hier nicht stören.

Noch trick- und lehrreicher ist Feld **D24**:

- ein <u>Funktionsaufruf</u> wie `summe(A1,B2)` unterscheidet sich nur durch die Schreibweise, den "syntaktischen Zucker", von der gewohnten Formel **A1+B2**; zu den beiden Werten in der Klammer sagen wir <u>Argument</u> oder <u>Parameter</u>;
- der <u>Bereichs-Operator</u> ":" faßt mehrere Felder zusammen; `summe(D15:D22)` bedeutet also dasselbe wie **D15+D16+D19+D20+D21+D22**. Dieser Operator ist ein ganz wichtiges Handwerkszeug in allen Spreadsheet-Programmen.

Sie sehen: Herrn Einzahns Wunsch (auch Ihrer inzwischen?) ist erfüllt; nur noch echte Eingabewerte (die man weder ausrechnen noch vorher wissen kann) sind einzutippen, alles andere erledigt das freundliche Spreadsheet-Programm.

Schauen wir etwas genauer hin: Herr E. unterscheidet **konstante Werte** (Adresse, Überschrift), die er nur einmal in hundert Jahren tippen will, von **variablen** (Mengen, Preise). Um diesen Herzenswunsch zu erfüllen, speichert ein Spreadsheet-Programm das Arbeitsblatt mit allen Formeln und konstanten Werten auf Diskette und merkt sich auch, welche Felder nicht geändert werden dürfen.

Ferner unterscheidet Herr E. zwischen **einfachen Werten** (etwa in **A20**, **B20** und **C20**) und **Formeln** (in **D20**). Da ist er sich mit seinem Programm ganz einig.

Schließlich unterscheiden Programme noch verschiedene Arten von Werten – je nachdem, wie sie verarbeitet werden sollen. Man nennt sie <u>Datentypen</u>, und diesen Unterschied mußte Herr E., müssen Sie, lernen. In unserem Beispiel kommen zweierlei Werte vor: **Zahlen** und **Texte**. Zahlen kann man beispielsweise zusammenzählen oder malnehmen, Texte nicht. Sie werden gleich erfahren, wie genau es Multiplan mit diesem Unterschied nimmt.

Alle drei Merkmale können Sie ganz nach Bedarf miteinander kombinieren: Sie kennen schon konstante einfache Zahlen und Texte, variable einfache Zahlen und Texte und Formeln für variable Zahlen. Aber warum nicht mal eine Konstante (etwa *1/6*) ausrechnen lassen, statt *1,66666667* einzutippen? Oder bei den Texten: warum nicht *25*"="* statt fünfundzwanzig Gleichheitszeichen tippen? (In Multiplan geht sowas auch, sieht aber leider etwas umständlicher aus.)

Natürlich ist das noch nicht alles: so haben Spreadsheet-Programme ein Menge Abkürzungen eingebaut, die das Leben sehr erleichtern. Beispiel: die Formeln in **D10** und **D12** rechnen praktisch das Gleiche aus, warum soll man sie also zweimal tippen?

Doch das schauen wir uns am besten am Beispiel **Multiplan** selbst an.

Warum gerade Multiplan?

Wenn Sie die neueste Nummer irgendeiner PC-Zeitschrift oder eines einschlägigen Boulevard-Blattes aufschlagen, finden Sie jede Menge Reklame für allerlei Tabellen-Kalkulations-Programme. Und im redaktionellen Teil wird das allerneuste Wunder-Programm vorgestellt. Wie soll man sich da noch zurechtfinden?

Auch wir können nicht alle kennen. Für unseren Einsteiger-Kurs haben wir **Multiplan** vor allem aus vier Gründen gewählt, die dieses Produkt immer wieder in die vorderen Ränge der Software-Hitlisten bringen:
- es zeigt die typische **Microsoft-Handschrift**: Word-Kenner und -Liebhaber (wie Sie seit dem letzten Kapitel einer sind) kommen rasch damit klar;
- es ist **Stand der Technik**: es hat alles und kann alles, was Sie heute von einem ordentlichen Tabellen-Kalkulations-Programm erwarten dürfen;
- es wird von namhaften, leistungsfähigen Firmen angeboten – Sie finden dieses Produkt auf vielen verschiedenen Rechnern (bis hin zum MacIntosh), und Sie dürfen erwarten, daß es weiterentwickelt und gepflegt wird; und
- es ist perfekt[4] an den PC und an die deutsche Sprache angepaßt worden.

Natürlich gibt es noch einige Unzulänglichkeiten in Multiplan. Wir werden sie jeweils erwähnen, sobald wir in den folgenden Abschnitten darauf stoßen.

---

4 Na ja, fast perfekt: Spuren dieser Anpassung findet man immer noch. So fragen Sie sich beim Lesen des Multiplan-Handbuchs, warum Sie die Daten der *Keramik-AG* ausgerechnet in Dateien namens **SPENCER** speichern, wo Sie doch sonst immer "beziehungsreiche" Dateinamen wählen sollen. Wir enthüllen gnadenlos dieses dunkle Geheimnis: die *Keramik-AG* heißt im englischen Original-Handbuch *Spencer Ceramics*.

4.2 Sie lernen Multiplan kennen

Jetzt wollen Sie endlich die Multiplan–Praxis kennenlernen. Fangen Sie also mit uns zusammen an: Sie brauchen außer der Multiplan-**Programmdiskette** noch eine, besser zwei formatierte **Leerdisketten**.

Das Kommando *mp80*[5] startet Multiplan[6]: nach einer kleinen, gestreiften Show (am Farb–Bildschirm sogar in Blau) bietet sich Ihrem Auge dieses Bild:

Sie erkennen, wie von Word gewohnt, in den untersten vier Zeilen das <u>Befehls–Menü</u>, die <u>Meldungs–Zeile</u> und die <u>Status–Zeile</u>. Darüber erstreckt sich das noch leere <u>Arbeitsblatt</u> über den ganzen Horizont, darin sehen Sie hell sowas wie eine besonders breite Schreibmarke: den <u>Feldzeiger</u>. Am oberen Rand sind die Spalten, am linken die Zeilen numeriert.

---

5   Bei 40spaltigen Bildschirmen heißt's *mp40*, ist drum auch nur halb so schön.

6   Am besten schreiben Sie das richtige Kommando für Ihren Bildschirm zuerst in die AUTOEXEC-Datei einer selbstladenden Programm-Diskette, wie in Kapitel 2.7 beschrieben; wie Sie Multiplan auf diese Diskette bringen, steht im Multiplan-Handbuch ab Seite 0-23.

Blättern im Arbeitsblatt

Nanu, das sind ja nur 7x20 und nicht 63x255, wie in allen Hochglanz-Prospekten versprochen! Klar: bis IBM einen größeren Bildschirm herausbringt, paßt eben kein ganzes Multiplan-Arbeitsblatt drauf. Schieben Sie mal probeweise mit den Pfeiltasten die Schreibmarke "über den Rand hinaus" und beobachten Sie, wie Multiplan immer neue Teile des Arbeitsblatts in Ihr Blickfeld rückt: Sie sehen das an den Zahlen am Rand.

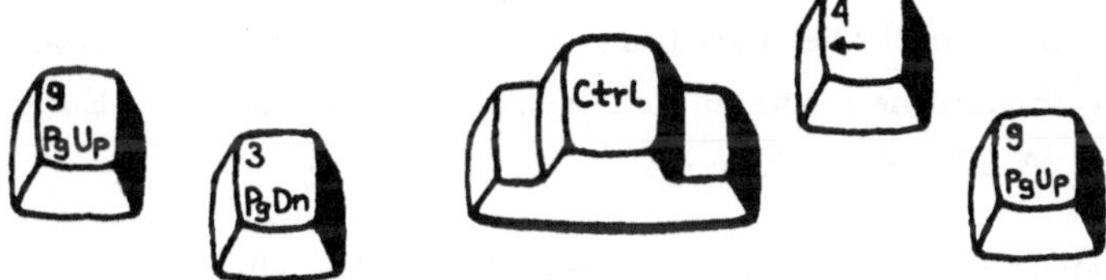

Auch diese Tasten und Tasten-Kombinationen "blättern" wie erwartet nach oben, unten, rechts, links und an den Anfang des Arbeitsblatts. Beachten Sie auch, daß in der Status-Zeile immer die augenblickliche Position des Feldzeigers in der Form Z5S13 (das heißt "Zeile 5, Spalte 13") angezeigt wird.

Hier heißt's Umlernen:

(Home) bringt die Schreibmarke in die linke obere Ecke, des sichtbaren Ausschnitts, (End) dagegen (statt (Ctrl)(PgDn) wie bei Word) ans Ende des Arbeitsblatts, soweit es bisher ausgefüllt wurde (jetzt, wo das Arbeitsblatt noch leer ist, also nach Feld Z1S1).

Alle Tasten, die den Feldzeiger bewegen, werden wir in unseren Beispielen mit *(Pfeiltasten)* bezeichnen, sofern wir nicht eine ganz spezielle Taste wie *(End)* im Sinn haben. Sie müssen dann anhand der jeweils beigefügten Bemerkung den Feldzeiger ins richtige Feld bugsieren.

Die ersten Gehversuche

Nun sollen Sie Ihr erstes Arbeitsblatt basteln. Wie wär's mit einer Zusammenstellung Ihrer täglichen Ausgaben? Dazu müssen Sie einige **Texte** und **Zahlen** eintragen; eine kleine **Formel** wird Ihnen das Zusammenzählen der einzelnen Posten abnehmen.

Für Sie als Word-Kenner wächst das Erstaunen jetzt noch weiter: Multiplan befindet sich immer im "Befehls-Modus", deshalb sehen Sie auch immer den Befehls-Zeiger im Menü. Die Esc-Taste brauchen Sie nur, um einen verunglückten Befehl abzubrechen, ehe er sich im Arbeitsblatt auswirkt. Einen "Text-Modus" (wie bei Word) gibt es hier nicht.

Wir werden daher auch die Multiplan-Befehle so darstellen, wie Sie es vom vorigen Kapitel gewohnt sind: auszuwählende Befehle und Unterbefehle sind sinngemäß eingerückt; was Sie nicht auswählen können, sondern selbst eintippen müssen, ist *kursiv* gesetzt.

Wie kommt denn dann ein Text ins Arbeitsblatt? Probieren Sie's doch mit uns zusammen aus:

```
(Ctrl)(PgUp)           Feld-Zeiger nach links oben
Text
       Text: Ausgaben
(Return)
```

Nun sollte in der linken oberen Ecke des Arbeitsblatts das Wort **Ausgaben** stehen. Der Feld-Zeiger markiert dieses Feld als aktuelles Feld, und in der Statuszeile liest man neben der Feld-Bezeichnung (oder Adresse) Z1S1 auch nochmal **"Ausgaben"**, also den **Inhalt des aktuellen Feldes**.

Tragen Sie nun ein paar Ausgaben ins Arbeitsblatt ein.

Unterscheiden Sie dabei genau, <u>was</u> Sie ausgegeben haben (für Multiplan sind das **Zahlen**) und <u>wofür</u> (**Texte** für Multiplan): für Zahlen gilt der Befehl **Wert** (tippen Sie dabei die Maßeinheit *DM* nicht mit ein), für Texte der Befehl **Text**. Und immer muß vorher der Feldzeiger am richtigen Platz stehen!

```
(Abwärtspfeil)              Feld-Zeiger nach Z2S1
Text
        Text: Essen
(Return)                    Text erscheint im Arbeitsblatt

(Rechtspfeil)               Feld-Zeiger in Spalte 2
Wert
        Wert: 22,83
(Return)                    Zahl erscheint im Arbeitsblatt

(Abwärtspfeil) (Linkspfeil)
Text
        Text: Getränke
(Return)

(Rechtspfeil)
Wert
        Wert: 5,70
(Return)                    und so weiter
```

Die grundsätzliche Arbeitsweise mit Multiplan

Jetzt können Sie schon Zahlen und Texte in Ihr Arbeitsblatt eingeben. Bravo! Fassen wir nochmal zusammen, wie Sie dabei vorgehen:

- Zuerst wählen Sie das Feld, das Sie ändern wollen (Pfeiltasten).

- Dann wählen Sie den Befehl **Text**, **Wert** oder einen andern Befehl nach Bedarf. Tippen Sie den Text oder die Zahl ein, oder wählen Sie Unterbefehle aus.

- Bestätigen Sie nun den Befehl mit der Return-Taste, oder brechen Sie ihn notfalls mit der *Esc*-Taste ab.

Die Darstellung der Zahlen

"Schön", sagen Sie nach einem Blick auf Ihr Erstlings-Werk, "aber müssen die Zahlen denn so schief untereinander stehen? Kann Multiplan nicht **5,70 DM** schreiben statt **5,7**?"

Dazu gibt's den Befehl **Format**; hier paßt der Unterbefehl **Standard**, der die Darstellungsweise aller Zahlen im ganzen Arbeitsblatt festlegt (soweit Sie nicht für einzelne Felder ausdrücklich etwas anderes bestimmen).

```
   Format
         Standard
                Felder
                      Formatcode: Fest
                      Dez.stellen: 2
      (Return)
```

Hoffentlich haben Sie an den sonstigen Parametern nicht versehentlich gedreht: **Ausrichtung: Gen** soll unbedingt so bleiben!

Jetzt stehen die beiden Zahlen hübsch untereinander, die Maßeinheit **DM** fehlt aber immer noch. Da sind wir gerade in eine dunkle Ecke von Multiplan geraten: das wirklich schön[7] hinzukriegen macht zu viel Arbeit für den Anfang.

Sie haben nun gesehen, wie ein Formatcode die Darstellung der angezeigten Zahlen beeinflußt, ohne an ihrem Wert etwas zu ändern. Sie werden bald noch andere Formatcodes kennenlernen; falls Sie nicht so lange warten wollen: im Multiplan-Handbuch steht's ab Seite 10-24.

---

7   Falls Sie eben **Formatcode: DM** entdeckt haben und jetzt neugierig sind, probieren Sie's ruhig aus. Sie werden sehen, daß **DM** nach amerikanischer Art links (wir Deutschen sähen's lieber rechts) und nicht mal gerade untereinander steht.

Eine Abkürzung

Jetzt wartet Ihr Arbeitsblatt nur darauf, daß Sie weitere Ausgaben eintragen. Doch, ach! Wie mühsam ist doch das ewige **Wert** *(Return)*, **Text** *(Return)*! Drum gibt's dafür eine Abkürzung:

> Wollen Sie mehrere Felder Ihres Arbeitsblatts ausfüllen, so müssen Sie nicht jedesmal einen Befehl auswählen. Lassen Sie einfach das *(Return)* weg und wählen Sie stattdessen mit den **Pfeiltasten** gleich das nächste Feld aus: Multiplan bietet Ihnen dann die Auswahl **TEXT/WERT** an und merkt selber, ob Sie einen Text oder eine Zahl eintippen wollen.

Probieren wir das gleich zusammen aus, damit auch all Ihre heutigen Ausgaben ihren Weg in's Arbeitsblatt finden:

(Linkspfeil) (Abwärtspfeil) Text	nächste Zeile, Text-Spalte
Text: *Zeitung*	**kein** *(Return)*!
(Rechtspfeil)	Zahlen-Spalte
Text/Wert: *1,20*	
(Abwärtspfeil) (Linkspfeil)	
Text/Wert: *Omnibus*	
(Rechtspfeil)	
Text/Wert: *2,20*	und so weiter
(Return)	erst ganz zuletzt!

Mit Multiplan kann man rechnen

Nun wollen Sie natürlich wissen, wieviel Sie heute insgesamt ausgegeben haben; dazu werden Sie gleich die erste **Formel** schreiben – direkt unter die Zahlenkolonne mit Ihren Ausgaben.

Addieren kann man in Multiplan – wie im Wein-Beispiel – auf zwei Arten: mit dem Operator **+** oder der Funktion **summe**. Diese Funktion sucht in einem beliebigen Bereich des Arbeitsblatts alle Zahlen zusammen und addiert sie; Texte und leere Felder beachtet sie nicht. Im einfachsten Fall schreibt man so einen Bereich mit dem **Bereichs-Operator**, den Sie aus Kapitel 4.1 schon kennen.

```
(Pfeiltasten)                    Feldzeiger unter die letzte Zahl
Wert
        Wert: summe(             Funktionsname, Klammer auf
             (Pfeiltasten)       oberste Zahl
             :                   bis (Bereichsoperator)
             (Pfeiltaste)        unterste Zahl
             )                   Klammer zu
(Linkspfeil)
        Text/Wert: Summe         alle Zahlen erläutern!
(Return)
```

Ihre Formel sieht jetzt ungefähr so aus:

```
summe(Z[-8]S:Z[-1]S)
```

und so Ihr Arbeitsblatt:

```
               1           2
  1 Ausgaben
  2 Essen        22,83
  3 Getränke      5,70
  4 Zeitung       1,20
  5 Omnibus       2,20
  6 Papier        8,11
  7 Bücher       31,02
  8 Summe        71,06
```

Ging alles glatt? Steht statt der erwarteten Zahl !NAME? da, so haben Sie wohl zwischen dem Wörtchen *summe* und der Klammer die Leertaste gedrückt; das bedeutet für Multiplan etwas anderes als Sie sagen wollten! Ist der angezeigte Betrag zu klein und stehen außerdem einige Zahlen in der Aufstellung zu weit links, so haben Sie die mit **Text** statt **Wert** eingegeben. Denken Sie immer dran: **Texte und Zahlen sind für Programme etwas Grundverschiedenes!**

Sie haben soeben das wichtigste Multiplan-Prinzip erlebt: **keine Feld–Bezeichnungen eintippen – nur draufzeigen**[8]. Multiplan setzt dann schon die richtige Bezeichnung in die entstehende Formel ein[9]. Wenn Sie an ihr weiterschreiben, springt der Feldzeiger wieder in das aktuelle Feld, an dem Sie grade basteln.

Sobald Sie die Return-Taste drücken, berechnet Multiplan in Sekundenschnelle das Ergebnis der Formel und zeigt es im aktuellen Feld an. Schieben Sie den Feldzeiger nochmals auf das Summen-Feld und beachten Sie die Status-Zeile: dort sehen Sie als **Feldinhalt** die Formel SUMME(Z[-6]S:Z[-1]S), im Arbeitsblatt dagegen den **aktuellen Wert 71,06**. Falls Sie irgend einen der Eingabe-Werte ändern (etwa weil Ihnen noch der Kaffe eingefallen ist, den Sie am Nachmittag getrunken haben), so rechnet Multiplan augenblicklich alle Formeln nochmal nach, um die neuen Ergebnisse anzuzeigen.

Wenn Sie eine Formel fertig haben und den Feldzeiger verschieben, so erlaubt Multiplan wieder die Wahl TEXT/WERT – und dann versucht es mitzudenken, was bei Programmen durchaus nicht immer gut geht. Beginnt Ihre Eingabe im neuen Feld mit einer Ziffer oder einem Vorzeichen (+ oder -), so glaubt Multiplan, Sie wollten eine Zahl eingeben, und schaltet in den Befehl **Wert** um, andernfalls in den Befehl **Text**. Beginnt die Formel (wie in unsrem Beispiel) mit *summe*, so täuscht sich also das kluge Programm. Verwenden Sie also immer den Befehl **Wert**, um Formeln einzutragen, nie die Abkürzung mit den Pfeiltasten!

---

8   Mit der MS–Maus (nicht zu verwechseln mit unsrer Bücher–Maus) geht das neuerdings viel einfacher und schneller als mit den Pfeiltasten. Kein Wunder: diese Maus hat schließlich denselben Vornamen wie Multiplan.

9   Sie sieht etwas verwegen aus, etwa so: Z[-1]S. Solche ”relative” Feldbezeichnungen schauen Sie sich später etwas genauer an.

Das Arbeitsblatt wächst

Jetzt sollen Sie Ihre Ausgaben–Übersicht auf die ganze Woche ausdehnen. Dazu sollten die Wochentage über den einzelnen Spalten stehen; Sie brauchen also oben noch ein bißchen Platz. Den liefert der Befehl **Einfügen Zeile**.

```
(Pfeiltasten)                    Feldzeiger auf Zeile 2
Einfügen
      Zeile
(Return)
```

Hier hat Multiplan schön mitgedacht: alle Voreinstellungen paßten! Sie können auch beliebige rechteckige Bereiche einfügen; dazu müssen Sie die übrigen Parameter entsprechend ausfüllen. Leider funktioniert da das Draufzeigen nicht.

Sie wollten doch die Wochentage über die einzelnen Spalten schreiben! **Format Ausrichtung: Zen** sorgt dafür, daß die Überschriften hübsch in der Mitte über den Zahlen stehen. Nicht nur in Formeln, auch bei vielen Befehlen spart der Bereichsoperator gewaltig Schreibarbeit:

```
(Ctrl)(PgUp) (Abwärtspfeil)
Format
      Felder
            Felder: Z2S1              steht schon richtig da
                  :                   Bereichs-Operator
                  (Pfeiltasten)       ganz nach rechts
            Ausrichtung: Zen
(Return)

(Rechtspfeil)
Text
      Text:        Mo                 Abkürzung, damit der
(Rechtspfeil)                         Donnerstag nicht zu
      Text/Wert: Di                   breit wird.

(Rechtspfeil)                         und so weiter

(Return)
```

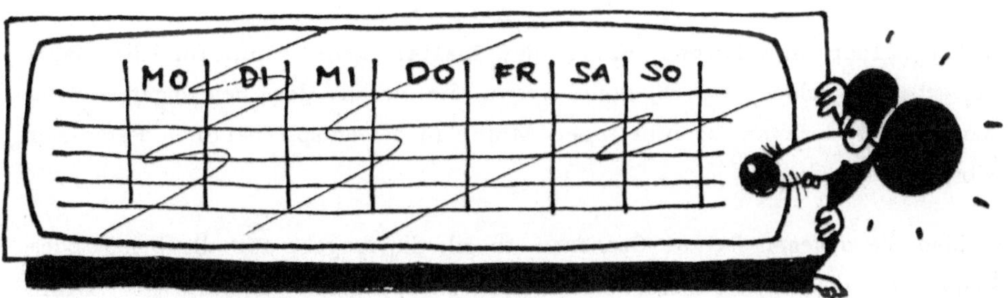

Hoppla! Der Bildschirm wird allmählich für unsre Wochen-Übersicht zu schmal. Weil Sie nirgends einen breiteren kaufen können (Hardware), machen Sie stattdessen die einzelnen Spalten schmäler (Software); das geht wohl einfacher. Wenn Sie täglich höchstens 999,99 DM ausgeben, kommen Sie mit sieben Stellen pro Zahl aus.

```
Format
       Standard
              Breite_der_Spalten
                     Zeichenanzahl: 7
(Return)
```

Das **Standard** hat alle Spalten erwischt, so auch die erste mit den erläuternden Texten: aus den **Ausgaben** ist eine **Ausgabe** geworden. Drücken Sie schnell mal *(Ctrl)(PgUp)*, so sehen Sie in der Statuszeile, daß nichts verloren ging. Sie müssen nur das fehlende **n** wieder sichtbar machen: dazu machen Sie Spalte 1 wieder breiter.

```
(Ctrl)(PgUp)
Format
       Breite_der_Spalten
              Zeichenanzahl oder S(tandardwert): 10
(Return)
```

Den Befehl **Format** kennen Sie nun in zwei Varianten, der <u>individuellen</u> und der <u>allgemeinen</u>.

Format Felder und **Format Breite_der_Spalten** gelten nur für die dabei angegebenen Felder oder Spalten. Wenn Sie vorher den Feldzeiger an die richtige Stelle bringen, so füllt Ihnen Multiplan die entsprechendnen Parameter selbst aus.

Wählen Sie dagegen **Format Standard**, so gilt die Angabe für alle Felder oder Spalten, für die nichts anderes (ohne Wahl von **Standard**) bestimmt ist[10]. Drum müssen Sie auch vor dem Befehl **Format Standard** den Feldzeiger nicht in ein bestimmtes Feld rücken. Haben Sie mal eine Spalte zuviel ʺmaßgeschneidertʺ, so korrigieren Sie das mit **Zeichenanzahl oder S(tandardwert):** *s*.

Jetzt macht Ihr Arbeitsblatt ab Dienstag einen etwas unausgefüllten Eindruck:

```
             1       2     3     4     5     6     7     8
  1 Ausgaben
  2           Mo    Di    Mi    Do    Fr    Sa    So
  3 Essen    22,83
  4 Getränke  5,70
  5 Zeitung   1,20
  6 Omnibus   2,20
  7 Papier    8,11
  8 Bücher   31,02
  9 Summe    71,06
```

Tragen Sie also bei den einzelnen Tagen die Ausgaben ein, ändern Sie falsche wieder (beides mit Befehl **Wert**; denken Sie auch an die Abkürzung mit den Pfeiltasten) oder entfernen Sie sie (Befehl **Radieren**, auch mit Bereichs-Operator)!

---

10 **Format Optionen** wirkt sogar aufs ganze Arbeitsblatt – aber das brauchen wir heute noch nicht.

Nun sind Sie gespannt, wieviel Sie jeden Tag ausgegeben haben, wollen aber nicht sechs neue Formeln eintippen. Also ist jetzt eine der Abkürzungen fällig, die wir Ihnen anläßlich des Wein-Beispiels in Kapitel 4.1 versprochen haben. Kopieren Sie einfach die Formel, die Sie schon haben, in alle Tages-Spalten:

```
(Pfeiltasten)                 Feldzeiger auf Formel
Kopie
        Rechts
              Anzahl Kopien:  6
(Return)
```

Und da zeigt sich's, wie gut Multiplan mitdenkt: obwohl die Formel, die Sie sechsmal kopiert haben, für den Montag gemacht war, rechnet sie für alle Tage richtig! Dahinter steckt ein genialer Trick,

die relative Adresse

> Wenn Sie beim Formeln-Schreiben auf ein anderes Feld deuten, so trägt Multiplan eine Feld-Bezeichnung wie [+2]S[-3] in die Formel ein. Damit ist die Richtung und Entfernung vom aktuellen Feld zum bezeichneten Operanden-Feld gemeint, also beispielsweise "2 Zeilen weiter unten und 3 Spalten weiter links".

Sie brauchen solche Relativ-Adressen glücklicherweise nie zu schreiben und nur selten zu lesen: **Draufzeigen genügt**, wie gesagt. Hier müssen wir ein bißchen über das Multiplan-Handbuch schimpfen, das dieses schöne Prinzip nur kurz streift und Ihnen stattdessen das umständliche Adressen-Schreiben beibringen will. Lernen sie lieber gleich, richtig draufzuzeigen, dann sparen Sie viel Zeit (Sie tippen nie eine relative Adresse) und Ärger (Sie machen weniger Fehler).

Falls Sie am Samstag in der Disco waren oder andere neuartige Ausgaben hatten, können Sie ruhig eine Zeile mitten in Ihre Aufstellung einfügen: Multiplan passt die Feldbezeichnungen in der Summen-Formel entsprechend an, so daß weiterhin alle Ausgaben eines Tages addiert werden. Fügen Sie nur keine Zeile am Anfang oder Ende eines Bereichs ein, sie werden unweigerlich mißverstanden! Kein Programm kann dann nämlich wissen, ob die neue Zeile zum Bereich gehört (also in die Summe einbezogen werden soll) oder nicht.

Das alles haben wir auch ausprobiert, und hier ist das Ergebnis:

		1	2	3	4	5	6	7	8
1	Ausgaben								
2			Mo	Di	Mi	Do	Fr	Sa	So
3	Essen	22,83	6,30	15,22	5,10	6,30	38,11		
4	Getränke	5,70	2,30		8,10		15,98	5,90	
5	Disco						29,80		
6	Zeitung	1,20	1,20	1,20	1,20	1,20	1,30		
7	Omnibus	2,20		2,20	2,20				
8	Papier	8,11							
9	Bücher	31,02					9,80		
10	Summe	71,06	9,80	18,62	16,60	7,50	94,99	5,90	

Noch mehr Rechnungen

Nachdem dies nun so schön geklappt hat und Sie genau wissen, **wann** Sie wieviel Geld ausgegeben haben, wollen Sie sicher auch feststellen, **wofür** das viele Geld entschwunden ist. Dazu zählen Sie die einzelnen Ausgabe–Arten zusammen, und die stehen jeweils in einer Zeile. Also schreiben Sie *Summe* über die leere Spalte 9 (rechts vom Sonntag), erfinden eine schöne Summen–Formel in Zeile 3 (Sie zeigen dabei zuerst auf das Montags–, dann auf das Sonntags–Essen) und **Kopieren** sie genügend oft **Nach_unten** (auch einmal für die Summen–Zeile). Nach dem Kopieren dauert es keine zwei Sekunden, bis Multiplan mit den – völlig gleichen! – Kopien der Formel lauter verschiedene Ergebnisse berechnet hat.

Ihre Ausgaben–Übersicht sähe ohne Prozent–Zahlen gar nicht richtig echt nach Statistik aus, drum sollen Sie noch welche ausrechnen lassen. In der Schule ist Ihnen sicher das Prozentrechnen durch unverständliche Erklärungen gründlich verleidet worden, und dabei ist es doch so einfach! Eine Prozentzahl gibt immer einen **Anteil** wieder, also muß man ganz einfach teilen, um sie auszurechnen: in unsrem Beispiel die Summe der **Essen**–Ausgaben durch die Gesamtsumme aller Ausgaben. Alles andere ist Formsache, wird also durch **Formatcode: %** bestens erledigt: **0,2** wird als **20%** angezeigt, **0,25** als **25%** und so weiter. Ende der Rechen–Stunde.

Absolute Adressen

Doch halt! Sie wollen die Formel ja nicht xmal aufschreiben sondern kopieren.
Und da wird's heikel! Ihre Prozentwerte sollen jeweils rechts von der entsprechenden Summe stehen, und das liegt jedesmal in einer anderen Entfernung von
der Gesamtsumme. Sie dürfen also nicht, wie gewohnt, einfach durch Draufzeigen eine relative Adresse erzeugen, sonst bekämen Sie für die Getränke und alle
anderen Ausgaben statt der gewünschten Prozentzahlen nur die schöne Fehlermeldung !DIV/0!.

Vielmehr brauchen Sie, Sie ahnten es schon, eine <u>absolute Adresse</u>: eine Feld-
bezeichnung, die auch in kopierten Formeln immer auf dasselbe Feld zeigt. Und
die bekommen Sie von Multiplan fast genau so einfach wie eine relative: einfach
draufzeigen, dann aber sofort Taste *(F3)* drücken.

Jetzt geht's also los. Sie können das Format gleich mitkopieren, das geht noch
schneller als ein Bereichsoperator beim **Format**-Befehl.

```
(Pfeiltasten)                        Feldzeiger nach Z3S10
Wert
        Wert:(Pfeiltasten)           Essen-Summe (relativ)
             /                       geteilt durch
             (Pfeiltasten) (F3)      Gesamt-Summe (absolut)
(Return)

Format
        Felder
                Formatcode:  %
                Dez.stellen: 1
(Return)

Kopie
        Nach_unten
                Anzahl Kopien: 7     oder wieviel Sie brauchen
(Return)
```

Kaum hatten Sie eben die Taste *(F3)* gedrückt, verwandelte Multiplan in der
entstehenden Formel (in der Befehls-Zeile) die relative Adresse Z[+7]S[-1] in
die absolute Z10S9. Doch Sie nehmen das eher beiläufig zur Kenntnis, denn Sie

Vor dem Abschalten: Arbeitsblatt abspeichern

Werfen Sie zur Kontrolle[11] einen Blick auf unser Beispiel:

```
Ausgaben
             Mo    Di    Mi    Do    Fr    Sa    So   Summe  Anteil
Essen     22,83  6,30 15,22  5,10  6,30 38,11        93,86   41,8%
Getränke   5,70  2,30        8,10       15,98  5,90  37,98   16,9%
Disco                                   29,80        29,80   13,3%
Zeitung    1,20  1,20  1,20  1,20  1,20  1,30         7,30    3,3%
Omnibus    2,20         2,20  2,20                    6,60    2,9%
Papier     8,11                                       8,11    3,6%
Bücher    31,02                          9,80        40,82   18,2%
Summe     71,06  9,80 18,62 16,60  7,50 94,99  5,90 224,47  100,0%
```

Ihre Wochen-Übersicht sieht jetzt hoffentlich sehr ähnlich aus; zumindest sollte rechts unten 100,0% stehen und der Rest sollte schön genug aussehen, um ihn zu speichern oder zu drucken. Oder stimmt hier eine Überschrift noch nicht, ist da eine Spalte zu breit? Dann bringen Sie die Sache jetzt rasch in Ordnung!

Der Befehl **Übertragen Speichern** dürfte Ihnen kaum Schwierigkeiten machen. Unschön: Multiplan hängt von sich aus keine Zusatzbezeichnung an den Dateinamen an. Wir empfehlen Ihnen dringend, immer den Zusatz *.mp* selbst anzugeben, damit Sie sich auf Ihren Disketten auch nach 14 Tagen noch auskennen.

```
Übertragen
        Speichern
                Dateiname: b:ausgaben.mp
(Return)
```

Übertragen Laden funktioniert fast so, wie bei Word: holen Sie sich mit *b:(Pfeiltaste)* eine Dateiliste auf den Bildschirm. Weil aber Multiplan keine eigene Zusatzbezeichnung verwendet, weiß es auch nicht, welche Ihrer vielen Dateien Arbeitsblätter sind, und bietet Ihnen schlicht alles, was sich auf der Diskette tummelt, zur Auswahl an.

---

11 Bei der Breite_der_Spalten haben wir ein bißchen geschummelt, damit das Arbeitsblatt auf's Papier paßt.

Falls Ihnen das ewige *b:* zu umständlich wird, können Sie das mit **Übertragen Optionen** ein für allemal regeln. Aber Obacht: damit stellen Sie das aktuelle Laufwerk um (vgl. Kapitel 2.7)! Haben Sie die Arbeit mit Multiplan abgeschlossen und wollen noch was andres tun, so sollten Sie daher als Nächstes das DOS-Kommando *a:* geben. Am besten, Sie schreiben das gleich unter das Kommando *mp80* in Ihre AUTOEXEC-Datei.

... oder wenigstens drucken

Wenn an Ihrem PC ein IBM-Graphic-Drucker angeschlossen ist, geben Sie Ihre Ausgaben-Übersicht einfach mit dem Befehl **Druck Drucker** aus. Andere Drucker erfordern zum Teil ein zusätzliches DOS-Kommando vor dem Start von Multiplan; wie Sie das in Ihre AUTOEXEC-Datei kriegen, steht in Anhang C Ihres Multiplan-Handbuchs. Dort finden Sie noch weitere Einzelheiten zur Drucker-Steuerung. Dabei geht's nicht so vornehm zu wie bei Word; schließlich will Multiplan nur Ihre Zahlen-Spiele vereinfachen und nicht Spitzen-Druck-Qualitäten, Druck-Spitzen-Qualitäten, hervorbringen.

fertig?

Obacht bei **Quitt**: selber denken, Multiplan denkt hier nicht so schön mit wie Word! Sie werden nur gefragt: **Zur Bestätigung ”J” eingeben**. Schon mancher hat mit einem leichtsinnigen *j* an dieser Stelle die Frucht stundenlanger Übungen zerschossen. Sie dagegen sind jetzt gewarnt und überzeugen sich stets davon, daß Ihr Arbeitsblatt abgespeichert ist, ehe Sie Ihr unwiderrufliches *Ja*-Wort geben.

Nach diesem Streifzug durch die wunderbare Welt von Multiplan teilen Sie sicher unsre Ansicht: war Word das Meisterstück von Microsoft, so kann man Multiplan als gelungenes Gesellenstück ansehen.

4.3 Der Multiplan–Bericht im Word–Bericht

Sicher wollen Sie die Aufsätze, die Sie an Ihrem PC (mit Word) verfassen, mit Fakten untermauern. Die wirken gleich viel glaubwürdiger, wenn Sie da ab und zu eine Multiplan–Tabelle mit knallharten Zahlen einflechten. Hier finden Sie drum ein Rezept, wie Sie das am besten bewerkstelligen.

Zuerst ist natürlich Multiplan dran: verwenden Sie Ihre ganze Erfindungsgabe, um eine schöne, überzeugende Tabelle in einer Ecke Ihres Arbeitsblatts zu erzielen – am besten in der linken oberen Ecke.

Dann muß der Teil des Arbeitsblatts, den Sie in den Word–Text übernehmen wollen, auf die Diskette. Nehmen Sie dazu dieselbe, auf der auch Ihr Text entsteht, sonst beschäftigt Sie Word später stundenlang als Disketten–Jockey. Diese Text–Diskette stecken Sie also in's Laufwerk "B:", und dann:

```
Druck
        Optionen
                Bereich: (Home) : (End)        zum Beispiel
        (Return)

        Randbegrenzungen
                Links: 0
                Oben:  0
                Druckbreite: 80                zum Beispiel
                Drucklänge:   9                zum Beispiel
                Seitenlänge:  9                zum Beispiel
        (Return)

        Platte/Diskette
                b:tabelle.txt                  zum Beispiel
        (Return)
```

Beim Parameter **Bereich** müssen Sie natürlich den Teil des Arbeitsblatts umreißen, den Sie in den Word–Text übernehmen wollen. Auch **Druckbreite** (in Druck–Zeichen, nicht in Multiplan–Spalten gerechnet), **Drucklänge** und **Seiten-länge** (beides in Zeilen) wählen Sie passend. Der Name der Übergabe–Datei (hier *tabelle.txt*) darf frei gewählt werden, sollte aber mit *.txt* aufhören.

Jetzt ist die Tabelle schon auf der Diskette. Sie starten also Word, laden Ihren Bericht und bringen die Schreibmarke dorthin, wo die Tabelle hin soll. Dann fügen Sie sie in den Text ein:

```
(Esc)
Übertragen
        Zusammenführen
                Dateiname: b:(Pfeiltasten)      Tabelle auswählen
(Return)
```

Word behandelt in "fremden" Texten jeden Zeilen-Wechsel als Absatz-Ende. Die Multiplan-Tabelle sollte aber lieber ein einziger Absatz sein, damit sie einheitlich behandelt wird. Legen Sie für solche Absätze ein eigenes Muster mit einer **äquidistanten Schrift** an (d.h. keine Proportional-Schrift, alle Zeichen gleich breit). Achten Sie auch auf **SelbeSeite: Ja** im Absatz-Format. Ganz besonders wichtig ist **Ausschließung: Links**!

So machen Sie die Tabellen-Zeilen zu einem einzigen Absatz:

```
(Pfeiltasten)           Schreibmarke auf Tabellen-Anfang
(Esc)
Wechseln
        Ersetze: ^a
        Durch:    ^n
        Mit Bestätigung: Ja
(Return)
```

Nun stellt Word die Schreibmarke auf eine Absatz-Marke nach der andern und fragt Sie jedesmal, ob Sie die "wechseln" wollen. Sie sagen immer wieder *j*, solange die Schreibmarke noch in der Tabelle ist; wenn sie an deren Ende angelangt ist, drücken Sie einmal die *Esc*-Taste, um das Wechseln zu beenden.

Nun müssen Sie nur noch (mit der *Alt*-Taste) Ihr spezielles Multiplan-Tabellen-Format dem neuen Absatz zuordnen, dann können Sie Ihren Bericht vorzeigen.

4.4 Ein Bild sagt mehr als tausend Zahlen

Manche Leute können sich an Zahlenkolonnen berauschen und sind unglücklich, wenn sie Millionen-Beträge nicht auf den Pfennig genau kennen. Wir ziehen es dagegen vor, rasch einen Überblick über Größenordnungen und -verhältnisse zu gewinnen. Und dazu sind Schaubilder ein unschätzbares Hilfsmittel.

Zur Darstellung der Sachverhalte, die gewöhnlich mit Multiplan untersucht werden, haben sich einige wenige Diagramm-Typen bewährt:

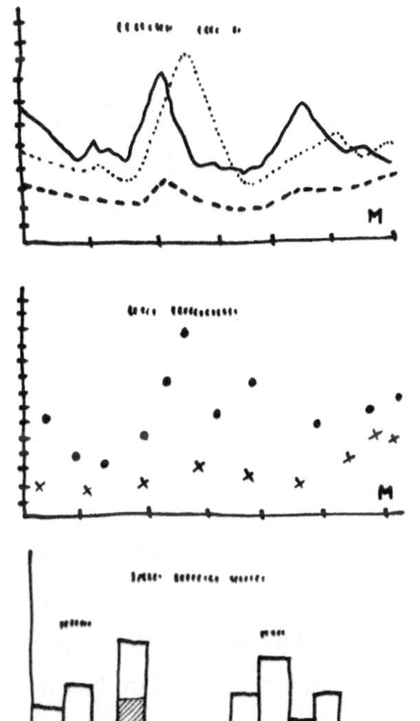

<u>Fieberkurve</u> (oder Linien-Diagramm) zur Darstellung von Funktionsverläufen (oft ist die Ordinate eine Zeit-Achse)

<u>Punktwolke</u> (oder Punkt-Diagramm; amerikanisch: Scattergram) zur Darstellung von Einzel-Messungen oder Stichproben

Balken-Diagramm zum Vergleich von Größen, die Kategorien oder Personen zugeordnet sind

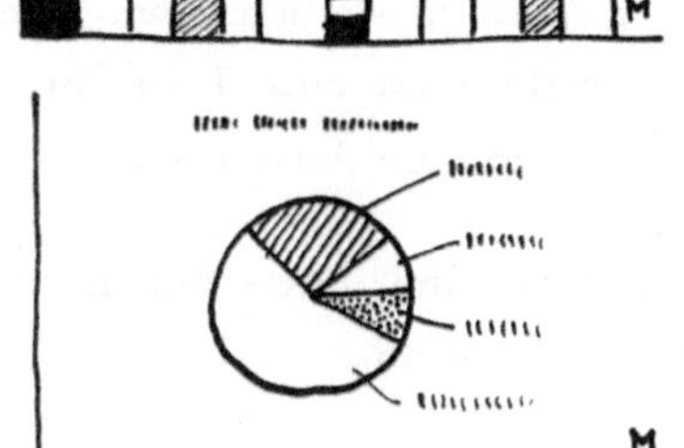

<u>Kreis-Diagramm</u> (oder Torten-Diagramm, amerikanisch: Apple Pie), um Anteile darzustellen

Diese vier Diagramm–Typen mit ihren Abarten faßt man unter dem Oberbegriff Präsentations–Grafik (amerikanisch: Business Grafics) zusammen. Ihr Händler hat vielerlei Programme zu diesem Zweck vorrätig; eins davon wollen wir hier vorstellen.

Aber zuerst müssen wir uns um die Hardware kümmern. Mit der PC–Standard-ausrüstung haben Sie nur Semigrafik eingekauft (vgl. den *schiefen Turm von Multiplan* in Kapitel 4.5); damit schaffen Sie nur einfachste Balkendiagramme. Bessere und genauere Bilder sehen Sie nur auf einem Grafik–Bildschirm. Den kaufen Sie entweder von IBM, oder Sie bauen selbst mit einer Hercules–Karte Ihren Monochrom–Bildschirm in einen Grafik–Bildschirm um. Mindestens 192K Hauptspeicher brauchen Sie auch. Fragen Sie Ihren Händler.

Ihr IBM–Grafic–Printer kann, wie sein Name vermuten läßt, auch Bilder zeich-nen, allerdings nur grob gerastert. Anhand der Bilder auf den nächsten Seiten können Sie die Qualität selbst beurteilen. Bessere Zeichengeräte sind teuer.

Nun zum Grafik–Programm: Sie erwarten eine einfache, klare Bedienung, die üblichen Diagramm–Typen und wollen nicht die vielen Zahlen, die Multiplan berechnet hat, wieder eintippen, um sich ein Bild davon zu machen. Was liegt also näher, als bei Microsoft nach einem Business–Grafics–Programm zu schauen – und siehe da, die haben eins. Leider kostet's wieder extra Geld, und nicht einmal Multiplan–Besitzer bekommen Mengen–Rabatt!

Dieses Programm, es heißt **Chart**, haben wir uns angesehen. Obwohl wir die englische und die deutsche Version jeweils nur ein paar Stunden testen konnten, kamen wir gut damit zurecht; ja wir waren begeistert. Die Befehle werden in typischer Microsoft–Manier eingegeben: als Word– oder Multiplan–Kenner werden Sie ebenso rasch damit zurechtkommen wie wir. Ein besonderer Gag: wenn Sie nach dem gewünschten Diagramm–Typ gefragt werden und, wie gewohnt, eine Pfeiltaste drücken, bekommen Sie nicht etwa eine Liste ihrer Namen, sondern eine richtige Muster–Kollektion: Bildchen zum Aussuchen.

Und das Wichtigste: Chart übernimmt mühelos Zahlen und Texte aus Ihren Multiplan–Arbeitsblättern. Das schauen wir uns jetzt einmal an.

In Ihrem Arbeitsblatt müssen Sie den Zahlen- und Textreihen, die für die Graphik wichtig sind, Namen geben (das lernen Sie in Kapitel 4.5). Erst dann speichern Sie es ab, verlassen Multiplan und starten Chart. Zunächst bestimmen Sie, wie die Datenreihen aussehen (*Name*) und wo sie zu finden sind (*Xtern*):

```
Auflist
    Name
                Datenreihenbezeichnung:   Ausgaben
                Rubrikenbezeichnung:      Art
                Größenbezeichnung:        Betrag
                Rubrikenart:              Text
        (Return)

    Xtern
                kopieren aus Datei:       b: (Pfeiltasten)
                Rubrikenbezeichnung:      (Pfeiltasten)
                Größenbezeichnung:        (Pfeiltasten)
        (Return)
```

Und tatsächlich: Chart kennt alle Namen aus Ihrem Multiplan–Arbeitsblatt und spult Sie auf *(Pfeil–)*Tastendruck brav ab. Und es weiß auch, was dort im Arbeitsblatt steht: Sie können diese Werte mit Befehl **Werteingabe** lesen oder – schöner – als Bild anschauen:

```
Muster                          da sind die Bildchen
    Kreisdiagramm               und hier die engere Wahl
            6                   mit Legende und Prozenten
```

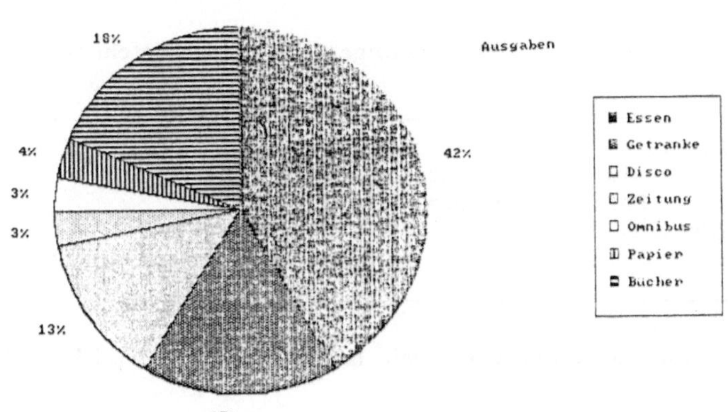

Aber Chart zeichnet nicht stur seine vorbestimmten Bilder, sondern läßt uns seinen Entwurf noch überarbeiten, wenn wir es besser können. Hier dürfen wir eine Beschriftung verschieben, da eine andere Schraffur wählen, dort eine Erklärung hinzufügen. So entstand das folgende Diagramm mit seiner anspruchsvolleren Schriftart, der großzügigeren Platz-Aufteilung, den geänderten Schraffuren.

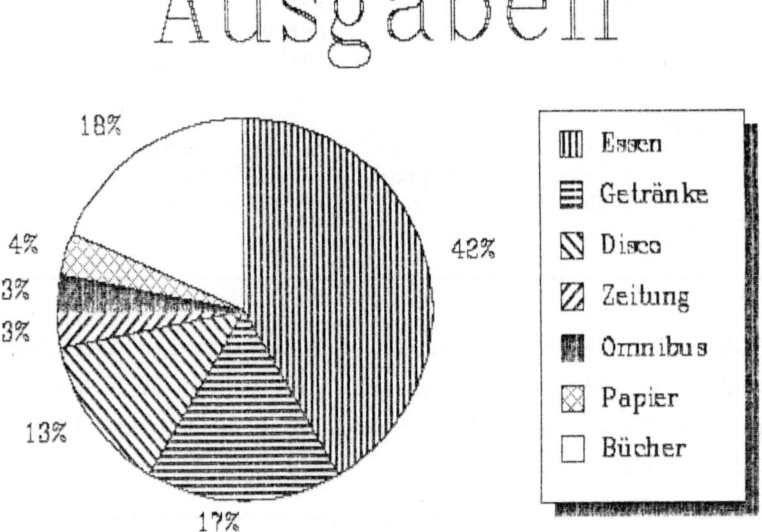

Auch Sie schaffen das leicht, denn das Grafik-Menü (*Format*, *Umstellen* usw.) verstehen und benützen Sie ohne lange Erklärung; dazu nur zwei Hinweise:

1. Viel Wartezeit und spätere Überraschungen erspart der Befehl

```
Zusatz
       Diagramm neuerstellen: Nein
       Darstellungsform:      Druckbild
  (Return)
```

Mit *(F4)* können Sie danach jederzeit das veränderte Bild zeichnen lassen.

2. Bevor Sie etwas umstellen, nageln Sie die übrigen Bildteile fest mit:

```
(Pfeiltasten)               Bild-Element auswählen
Umstellen
        Position: manuell
(Return)
```

Alle Angaben zum fertigen Bild speichert Chart auf Wunsch ab; so können Sie immer wieder gleichartige Diagramme mit neuen Werten auf Knopfdruck produzieren: nur das Arbeitsblatt auf den neuesten Stand bringen, den Rest eledigt Chart.

Unser **Testurteil**: wertvolle (im doppelten Sinn des Worts) Ergänzung zu Multiplan; kurze Einarbeitungszeit.

4.5 Bonbons für fortgeschrittene Multi–Planer

Sie wissen nun, wie Sie Multiplan starten und beenden, können Arbeitsblätter drucken, speichern und wieder laden, und beachten beim Ausfüllen Ihrer Arbeitsblätter

vier wichtige Multiplan–Grundsätze

- Das Arbeitsblatt ist in Zeilen und Spalten eingeteilt, dadurch entstehen **Felder** mit Bezeichnungen (oder Adressen) wie Z9S10.

- Feldbezeichnungen schreiben Sie nie selbst, **draufzeigen** genügt (fast[12]) immer.

- Sie **zeigen** immer **zuerst** auf ein Feld, ehe Sie den dazugehörigen Befehl aufrufen;

- Texte (Befehl **Text**), Zahlen und Formeln (Befehl **Wert**) schreiben Sie dorthin, wo der **aktuelle Wert** erscheinen soll, die Form der Anzeige bestimmen Sie getrennt (Befehl **Format**).

Sie haben schon Formeln mit der Funktion **summe** und dem Rechenzeichen (Operator) ”**/**” (geteilt durch) geschrieben und können sich denken, wie die Operatoren ”**+**” (plus), ”**–**” (minus) und ”*****” (mal) angewendet werden. Sie können mit Arbeitskraft–Verstärkern wie **Format Standard**, **Kopie** (samt *F3*–Taste) und dem Bereichs–Operator umgehen. Und Sie wissen, wie man mit **Einfügen** und **Löschen** ein Arbeitsblatt im groben umformt.

---

12 Bei manchen Befehlen müssen Sie Zeilen– und Spaltennummern einzeln angeben.

Herz, was begehrst Du mehr?

Sie brauchen ja nur die Befehls–Zeile anzuschauen, um zu sehen, daß es noch einiges zu lernen gibt: `Verändern`, `Gehezu`, `Hilfe`, `Schutz`, `Bewegen`, `Name`, `Zusatz`, `Ordnen`, `Ausschnitt` und `Xtern` wollen da noch erforscht werden. Und daß über Funktionen und Operatoren noch nicht das letzte Wort gesprochen ist, können Sie sich sicher denken. Schließlich gibt's vielleicht noch den einen oder anderen Trick, der nicht (oder nur zu gut getarnt) im Handbuch steht, und der Ihnen viel unnütze Mühe sparen kann.

Ehe Sie sich in diese neuen Abenteuer stürzen, sollten Sie aber eine Woche lang Ihre Einkaufs–Zettel, Ihr Konto–Gegenbuch oder die Verbrauchs–Überwachung Ihrer Ente mit Multiplan gestalten, damit die wichtigsten Handgriffe richtig "sitzen".

Als einzig neues Kommando sollten Sie in dieser Zeit höchstens `Hilfe` dazulernen. Noch besser kommen Sie aber mit der Tasten–Kombination *(Alt)H* zurecht: sie gibt Ihnen jederzeit Auskunft über das, was Sie grade wissen müssen, nämlich Einzelheiten zu dem Kommando oder Unter–Kommando, auf dem gerade der Befehlszeiger steht.

So, ist die Woche um? Dann wollen wir gleich etwas für die Akkord–Zulage tun.

So ändern Sie Formeln

Niemand ist vollkommen. Und so müssen wir (und auch Sie) öfter, als uns lieb ist, Formeln ändern: mal ist ein Fehler in der Formel (vielleicht sind + und – verwechselt worden oder absolute mit relativen Adressen), mal fällt dem Erfinder was Besseres ein. Mit den Texten und Zahlen ist es nicht anders. Bisher blieb Ihnen in so einem Fall nichts andres übrig, als den Feld–Inhalt nochmals neu und richtig einzutippen. Und dabei baut man so leicht einen neuen Fehler ein.

Damit ist jetzt Schluß! Mit dem Befehl `Verändern` korrigieren Sie nach Belieben jeden Feld–Inhalt – egal ob Zahl oder Text, ob Wert oder Formel.

Und so funktioniert das: sobald Sie diesen Befehl aufrufen, zeigt Multiplan den Inhalt des aktuellen Feldes in der Befehlszeile. Rechts davon steht tatsächlich eine Schreibmarke, wie von Word gewohnt! Wenn Ihnen der Feld-Inhalt nicht gefällt, legen Sie die Schreibmarke auf die wunde Stelle und ändern sie.

Nur, die Pfeiltasten helfen hier nichts: die sind bei Multiplan für den Feldzeiger reserviert. Aber wir haben ja noch genug Funktionstasten übrig. Und damit Sie nicht soviel Neues zu lernen brauchen, hört der Multiplan-Mini-Editor auf die von Word gewohnten Tasten: *(F7)* und *(F8)* bewegen die Schreibmarke wortweise nach links und rechts, *(F9)* und *(F10)* zeichenweise; *(Del)* löscht das Wort oder Zeichen, auf dem die Schreibmarke grade steht, und die Korrekturtaste das Zeichen links davon. Alles, was Sie schreiben, wird vor der Schreibmarke eingefügt. Sobald Sie die Return-Taste drücken, wird die veränderte Formel ins Arbeitsblatt übernommen.

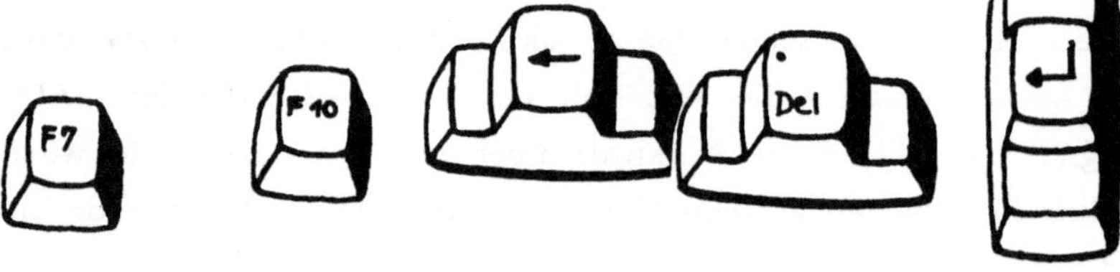

Doch was reden wir lange, probieren Sie's doch einfach an einer Kopie Ihres ersten Arbeitsblattes aus! Holen Sie sie mit

```
Übertragen
     Laden
           Dateiname: b:(Pfeiltasten)
(Return)
```

auf den Bildschirm und legen Sie los – dem Original kann ja nichts passieren.

Ändern Sie auch mal eine Adresse in einer Formel: Sie fahren mit *(F7)* auf eine der unleserlichen Adressen, drücken *(Del)* und dann einige *(Pfeiltasten)*. Schon trägt Multiplan eine neue Relativ-Adresse in die Formel ein, und am Feldzeiger sehen sie, wohin die gerade zeigt. Falls Sie's lieber absolut hätten, drücken Sie anschließend *(F3)*, wie nicht anders zu erwarten.

Die gleichen Freiheiten genießen Sie übrigens auch bei den Befehlen **Text** und **Wert**, wenn Sie einen Tippfehler rechtzeitig bemerken.

Erst tippen – dann rechnen

Wenn Ihre Arbeitsblätter nun allmählich größer werden, dauert es immer länger, alle Formeln durchzurechnen, und das tut Multiplan ja nach jeder Änderung. Vielleicht hat Sie das schon beim Ausfüllen der Ausgaben-Tabelle in Kapitel 4.3 gebremst und geärgert? Der Befehl

```
Zusatz
        Sofort_Rechnen: nein
(Return)
```

gewöhnt Multiplan diese "Unart" ab: fortan werden Sie beim Hochgeschwindigkeits-Tippen nicht mehr von Multiplans Rechen-künsten gebremst.

Wenn Sie einen Haufen Zahlen eingetippt haben, wollen Sie irgendwann mal wieder Ergebnisse sehen. Da brauchen Sie nicht umständlich den Befehl **Zusatz** aufzurufen; drücken Sie einfach die Taste *(F4)*, und schon rechnet Multiplan alle Formeln nach. Solange **Sofort_Rechnen: nein** eingestellt ist, müssen Sie diese Taste jedesmal drücken, wenn gerechnet werden soll.

Beim Formeln-Schreiben (Befehle **Wert** und **Verändern**) hat *(F4)* eine andere (aber eng verwandte) Bedeutung: der Wert der Formel wird sofort ausgerechnet und in die Befehlszeile übernommen. Wieviel schneller schreiben Sie beispielsweise *1/7 (F4)* als *0,14285714285714*! Und richtiger wird's wahrscheinlich auch.

Schreibschutz

Da Sie nun immer schneller und perfekter werden, sollten Sie sich vor eigenem Übereifer schützen. Wie leicht landet der Zeiger auf dem falschen Feld, und wie schnell ist dort ein "gesunder" Feldinhalt zerschossen! Der Befehl **Schutz** bewahrt Sie vor solchem Ungemach. Sie können sich damit selber verbieten, bestimmte Felder zu verändern: Multiplan wird für diese Felder so gefährliche Befehle wie **Text**, **Wert**, **Verändern**[13] oder gar **Radieren** ablehnen. **Löschen** dürfen Sie geschützte Felder allerdings – da soll sich noch jemand auskennen!

Um bestimmte Felder zu schützen, wählen Sie den Unterbefehl **Schutz Felder**. Mit Draufzeigen und Bereichs-Operator schützen Sie ein rechteckiges Stück Arbeitsblatt beliebiger Größe, beispielsweise Ihre ganze bisherige Arbeit:

```
Schutz
       Felder: (Ctrl)(PgUp)          von oben
               ;                     bis
               (End)                 unten
       Status: Geschützt
(Return)
```

Der Parameter **Status** "entschützt" Ihnen einzelne Felder oder Feld-Gruppen auch wieder – aber Vorsicht! Gewöhnen Sie sich **nicht** an, vor jedem **Verändern**, **Text** oder dergleichen, den Schreibschutz des aktuellen Feldes "vorsichtshalber" aufzuheben. Dann wäre er nämlich für die Katz! Lassen Sie sich lieber von Multiplan daran erinnern, daß Sie dieses Feld nicht (oder nur nach gründlichem Nachdenken) ändern wollten.

---

13 Leider ist dieser Befehl die einzige Möglichkeit, lange Formeln anzuschauen. Da steht sich Multiplan selbst im Wege! Wir hoffen, die Firma MS denkt mal darüber nach.

Mit dem Befehl **Schutz Rechenformeln** schützen Sie alle Formeln und Texte auf einmal. Der Schutz reiner Zahlen bleibt dabei unverändert: solange Sie nichts anderes sagen, nimmt Multiplan an, das seien Eingabewerte. Wollen Sie später eine Formel oder einen Text wieder ändern, so geht das nur mit **Schutz Felder**, wie oben gezeigt.

Die Felder, die Sie noch ändern wollen, finden Sie dann ganz schnell mit Taste *(F2)*: die läßt den Feldzeiger immer direkt zum nächsten ungeschützten Feld hüpfen.

Doch denken Sie immer daran: **Computer sind auch nur Menschen, und der beste Schreibschutz ist eine Sicherheitskopie!**

Multiplan rechnet nicht nur mit Zahlen

Natürlich sind **Zahlen** das wichtigste Material für Multiplan und seine Benutzer – aber eben doch nicht alles. Fast eben so wichtig sind die **Texte**: ohne sie wäre Ihr tollstes Arbeitsblatt nur ein öder, unverständlicher Zahlenhaufen. Aber Multiplan kennt noch zwei weitere Daten-Typen, die Ihnen bisher nicht begegnet (zumindest nicht aufgefallen) sind: **logische Werte** und **Fehler-Werte**.

Diese vier Typen wollen wir jetzt einzeln etwas genauer anschauen. Im folgenden Beispiel vom *schiefen Turm* sehen Sie dann alle (außer den Fehlerwerten, hoffentlich) in voller Fahrt.

Zahlen

Was sollen wir darüber noch lange reden? Schließlich haben Sie die schon in der Schule gründlich kennen- und liebengelernt! Oder gibt's dabei doch Multiplan-Zahlen-Spezialitäten?

Die Befehle **Format Felder** und **Format Standard** kennen Sie schon. Diese vier Formatcodes gelten für Zahlen:

      Ganz   ganze Zahl (notfalls gerundet)
      Fest   mit Stellen hinter dem Dezimalkomma
      Exp   Gleitkomma-Format (Scientific Notation)
      Allg   Automatik: was am besten paßt

Mit dem Parameter **Dez.stellen** bestimmen Sie, wieviel Stellen hinterm Komma erscheinen sollen. Hier wurde zuviel getan, denn **Formatcode: Ganz** ist ganz dasselbe wie **Formatcode: Fest** mit **Dez.Stellen:** *0*, das ist fest versprochen.

Schauen Sie sich gleich mal eine Zahl in all diesen Formen an: genau so dürfen Sie Zahlen selbst eintippen – Sie haben die freie Auswahl.

Zahlen sind zum Rechnen da, also gibt's ”+” (plus), ”–” (minus), ”*” (mal) und ”/” (geteilt durch), ferner die Rechenoperation ”^” (hoch); Beispiele: *2^3* ergibt **8**, und *2^0,5* ergibt **1,4142135623731**, die Wurzel aus *2*.

Völlig unnötig: das Rechenzeichen ”%”. Es bedeutet nichts anderes als ”*/100*”, und das rechnen Sie schneller im Kopf. Sie erinnern sich: der Mehrwertsteuersatz ist *0,14*, und das bedeutet 14%. Verwechseln Sie es bitte nicht mit dem (nützlichen) Formatcode %.

Da Sie nun die Bedeutung des Prozentzeichens kennen, werden Sie nicht mehr auf die saloppe Ausdrucksweise *321 DM + 14% Mehrwertsteuer* hereinfallen: sowas darf man natürlich Multiplan nicht wörtlich vorsetzen! *321+14%* bedeutet nämlich dasselbe wie *321+(14/100)*; das gibt nach Adam Riese **321,14** und nicht die erwarteten **365,94**.

Jetzt ist also die zweite Rechenstunde fällig! Gemeint war nämlich *321 + 14% von 321*. Das schreiben wir auch so hin: *321 + 0,14*321* oder kürzer *1,14*321*. Statt *321* paßt hier natürlich jeder andere Betrag, insbesondere auch der Inhalt eines anderen Feldes, auf das Sie beim Formel–Schreiben zeigen. So, das wärs!

Ob ein Rechenvorgang als Operator (Rechenzeichen) oder als Funktion geschrieben wird, ist Geschmacks–Sache. Und so hat uns Microsoft einige nützliche Rechenarten als Funktionen beschert, etwa **abs** (nimmt einem Ausdruck sein Vorzeichen) und **vorzeich**. Beispiele: *abs(-5)* und *abs(+5)* ergeben 5; *vorzeich(-5)* ergibt -1, *vorzeich(+5)* ergibt +1, und *vorzeich(0)* ergibt **0**.

Ihren ganzen Charme entfalten Funktionen erst dann, wenn das Argument (das ist die Zahl in der Klammer) variabel ist. Die wichtigsten Anwendungen in Multiplan: das Argument ist ein anderer Feldinhalt (auf den Sie in bekannter Weise zeigen) oder sogar selber wieder eine Formel, die aus Funktionen und Rechenoperationen zusammengesetzt ist. So stellt etwa *vorzeich(ZS[-1])* fest, welches Vorzeichen das linke Nachbarfeld hat, und *abs(vorzeich(2*2)-1)* ist eine kunstvolle Art, *0* zu sagen.

Die Funktion **runden** hat zwei Argumente. **Mehrere Argumente** trennen Sie für Multiplan durch Strichpunkte; und so schreiben Sie etwa *runden(2/3;0)*, wenn Sie den Bruch *2/3* auf die nächste ganze Zahl gerundet haben wollen (das gibt natürlich 1). Hat eine Funktion, wie **summe**, beliebig viele Argumente, so können Sie auch den **Bereichs–Operator** verwenden; Sie kennen das ja schon. Auch wenn eine Funktion, wie **pi**, gar keine Argumente hat, müssen Sie die Klammer schreiben.

Die übrigen Funktionen lesen Sie in Kapitel 11 Ihres Multiplan–Handbuchs nach. Leider ist dieses Verzeichnis alphabetisch sortiert und nicht nach Sachgebieten. Hier also kurz die Namen:
- allgemein: **rest**, **wurzel** (unnötig, wir schreiben ^0,5), **exp**, **ln** und **log10**,
- Geometrie und Physik: **arctan**, **cos**, **sin** und **tan**,
- Statistik: **mittelw** und **stabw** (Standard–Abweichnung),
- und last, but not least die finanzmathematische Funktion: **barwert**.

Texte

Bisher haben Sie Texte mit dem Befehl **Text** eingegeben und sich dabei über die Bemerkung **(keine Anführrungszeichen)** in der Meldungszeile gewundert. Wenn Sie den Feldzeiger in ein Feld bringen, das Text enthält, sehen Sie in der Statuszeile, was mit dieser Bemerkung gemeint ist: Multiplan setzt von sich aus jeden Text in Gänsefüßchen, um ihn von Zahlen zu unterscheiden.

Sie selber dürfen das auch tun, und zwar bei den Befehlen **Wert** und **Verändern**. Schiefgehen kann dabei fast nichts: solange in Ihrer Formel eine ungerade Zahl von Gänsefüßchen steht, können Sie den Befehl **Wert** oder **Verändern** nicht abschließen (Return-Taste); ja, Multiplan läßt Sie nicht einmal (per Pfeiltaste) in ein anderes Feld entwischen. Sie sehen, der Befehl **Text** ist nur zu Ihrer Bequemlichkeit da: Sie sparen zwei Tastendrücke.

Texte sind ganz ebenbürtige Partner der Zahlen, und Multiplan rechnet ganz ernsthaft damit. Na ja, "Rechnen" nennt man das bei Texten nicht gerne, sondern nichtssagend Operation oder Verknüpfung, aber im Grunde ist es doch nichts andres.

Die einfachste[14] **Text–Operation** heißt Verketten, Sie dürfen aber auch Concatenation sagen; Multiplan hört dagegen auf das Zeichen "*&*". Dabei werden einfach zwei Texte lückenlos zu einem neuen verschmolzen. Nun werden Sie ja kaum jemals *"Frühlings"* & *"erwachen"* statt *"Frühlingserwachen"* schreiben wollen, aber es geht ja auch mit variablen Texten.

---

14 Noch einfacher ist nur noch, durch Draufzeigen einen Wert aus einem anderen Feld zu übernehmen, aber das kennen Sie ja schon.

Auch mit zwei **Text–Funktionen** wartet Multiplan auf: *wiederh("-*";5)&"-"* ergibt die hübsche Trennlinie *"-*-*-*-*-*-"*; *teil("Distel";2;3)* ergibt **"ist"**, nämlich *3* Zeichen ab dem *2*ten von **"Distel"**.

logische Werte

Jetzt kommen wir zum denkbar einfachsten Datentyp. Seine Werte geben Antwort auf Entscheidungsfragen. Beispiel: Sie stellen in einem länglichen Arbeitsblatt den Finanzierungsplan für Ihren neuen *PC Super GT Plus* zusammen. Das Endergebnis läßt sich in einem Wort zusammenfassen: die Antwort auf die Frage *"Kann ich mir das leisten?"*.

Demnach gibt es zwei logische Werte, die **ja** und **nein** heißen sollten, aber in Multiplan leider **wahr** und **falsch** genannt[15] wurden. Bitte verwechseln Sie **wahr** auf keinen Fall mit dem Text **"wahr"**, auch wenn sie sich noch so ähnlich sehen – das ist das gleiche wie mit Zahlen und Texten.

Logische Werte erzeugen Sie durch die Funktionen *wahr()* und *falsch()* oder durch Vergleich zweier Zahlen[16] mit einem der sechs <u>Vergleichsoperatoren</u>:

<	kleiner als	>=	mindestens
<=	höchstens	>	größer als
=	gleich wie	<>	verschieden von

---

15 Eine naive Übersetzung der englischen DV-Fachausdrücke **true** und **false**.

16 Auch leere Felder können mit Zahlen verglichen werden; sie gelten dabei als **0**. Dagegen dürfen Sie Texte nicht miteinander vergleichen (obwohl Multiplan das selber kann, wie Sie beim Befehl **Ordnen** sehen werden).

Mit logischen Werten kann Multiplan, können Sie, auch rechnen. Lesen Sie alles über die Funktionen **nicht, und** und **oder** im wohlbekannten Kapitel 11 Ihres Handbuchs. Alle drei logischen Funktionen sind sehr kritisch: sie mögen nur logische Werte als Argument und verkraften nicht einmal leere Felder.

Die wichtigste Funktion, um "Logik auszuwerten", heißt **wenn**. Sie **wählt** aufgrund eines logischen Wertes das eine oder das andere ihrer Argumente aus und liefert es als Ergebnis. Ihr PC-Finanzierungsplan von eben könnte also mit der Formel *wenn(Belastung>Limit; "zu teuer"; Belastung)* enden; dabei stehen *Belastung* und *Limit* für die Pfeiltasten, die Sie drücken müssen, um auf die entsprechenden Felder zu zeigen. Sie sehen, **wenn** darf sogar verschiedenartige Argumente haben und folglich verschiedenartige Ergebnisse liefern.

Fehlerwerte

Diese letzte Art von Werten dient Multiplan als Notbremse und Ihnen als Anzeichen, daß Sie irgend etwas Unmögliches verlangt haben. Multiplan unterscheidet sieben davon; sie sind auf Seiten 9–27 bis 9–28 des Multiplan-Handbuchs mit ihren Ursachen zusammengestellt. Welche Fehlerwerte einzelne Funktionen unter Umständen liefern, müssen Sie bei Bedarf in Kapitel 11 des Handbuchs nachlesen.

Wenn Sie einen Fehlerwert (per Funktion oder Operation) weiterverarbeiten, so ist das Ergebnis wieder ein Fehlerwert. So **pflanzen sich** die Fehlerwerte in abhängige Felder **fort** und können große Teile Ihres Arbeitsblatts "überschwemmen". Stellen Sie sich nochmals Ihren Finanzierungsplan vor: ist das Limit unbekannt, so kann nur die letzte, entscheidende Frage nicht beantwortet werden; fehlt dagegen der Kaufpreis des PC, so kann Multiplan wohl keine einzige Zahl ausrechnen. Um anhand angezeigter Fehlerwerte die Ursache aufzuspüren, müssen Sie also die inneren Zusammenhänge Ihres Arbeitsblatts kennen oder erforschen.

Transfer–Funktionen

Manchmal brauchen Sie einen Text, wo eine Zahl berechnet wurde, eine Zahl statt eines logischen Werts, oder irgend ein anderer Typ paßt Ihnen nicht in's Konzept. Dann ist es angenehm, daß Multiplan sieben Funktionen kennt, die Werte eines Typs in einen anderen Typ umwandeln.

Auch hier müssen wir Sie auf das berühmte Kapitel 11 verweisen. Lesen Sie dort alles über
- Zahlen in Texte wandeln: **dm** und **fest**
- Texte in Zahlen wandeln: **wert** und **länge**
- Fehlerwerte und andere in logische wandeln: **istfehl** und **istnv**
- logische Werte in Beliebiges wandeln: **wenn**

Beispiel: um den Umfang Ihres kreisrunden Swimming-Pools (12 m Durchmesser) zu berechnen, haben Sie sich die Formel *pi()*d* ausgedacht – dabei steht *d* wieder für die passenden Pfeiltasten. Das Ergebnis: **37,699112**! Viel schöner wird's doch mit der Formel *fest(pi()*d;1)* & *" m"* (*d* wie oben), das gibt **37,7 m**.

Wichtige Zahlen schreibt man nicht einfach als **24,80** sondern in der Form *******24,80**, um nachträgliche Änderungen zu erschweren. Mit **fest** und **länge** zaubern Sie solche **Scheckschutzsterne**: *wiederh("*";10-länge(fest(b;2)))* & *fest(b;2)*. *b* sind dabei wieder Pfeiltasten, die auf den Betrag zeigen.

Der schiefe Turm von Multiplan

Ich bin des trocknen Tons nun satt! In allen Multiplan-Büchern lesen Sie über Steuern, Etat-Planungen, Statistiken, Abrechnungen und was sonst noch mit Geld (viel Geld) zu tun hat. Natürlich berechnet Multiplan auf Wunsch auch anderes, etwa Fahrstrecken und -zeiten Ihrer nächsten Urlaubsreise oder den Notendurchschnitt einer Klassenarbeit. Wir wollen das Zusammenwirken der verschiedenen Funktionen und Datentypen an einem noch frivoleren Beispiel vorführen (jedenfalls wird es manch altgedientem Multiplaner so vorkommen). Es ist eingängig, Sie kennen sich mit der Materie aus – und wir sind sicher, daß Sie die so gewonnenen Einsichten selbständig auf andere, trockenere Fachgebiete übertragen werden.

Als Kind haben Sie mit Bauklötzen gespielt und dabei möglichst gerade, hohe Türme gebaut. Heute sollen Sie einmal versuchen, einen möglichst schiefen und krummen Turm damit zu bauen. Und so kann das in einem Multiplan-Arbeitsblatt aussehen:

```
              Der schiefe Turm von Multiplan
              ================================
Würfel Verschiebung Position Schwerpkt    ...und so sieht's aus

   1                  0,8000   0,8000
              0,2000
   2                  0,6000   0,7000
              0,2000
   3                  0,4000   0,6000
              0,2000
   4                  0,2000   0,5000
              0,2000
   5                  0,0000   0,4000
```

Die (kursiv gesetzten) Zahlen in Spalte 2 sagen, wie weit jeder Würfel über seinen Untermann – Verzeihung: Unterwürfel – nach rechts hinausragt. Diese Zahlen sollen so verändert werden, daß der oberste Würfel möglichst weit rechts hängt, ohne daß der Turm zusammenkracht. Die übrigen Felder sind schreibgeschützt und enthalten trickreiche Formeln, die ausrechnen, wie weit der Turm überhängt und ob er stabil ist, und sogar das Bildchen in der letzten Spalte malen.

Schiebt man ganz vorsichtig den zweiten Würfel (mit allem, was darauf sitzt)
1/4 (statt 1/5) Würfel–Breite über den dritten hinaus, so sieht man gleich, wie
diese Formeln aufpassen:

```
            Der schiefe Turm von Multiplan
            ==================================
Würfel Verschiebung Position Schwerpkt    ...und so sieht's aus

  1                   0,8500   0,8500
           0,2000
  2                   0,6500   0,7500
           0,2500
  3                   0,4000   0,6333
           0,2000
  4                   0,2000   0,5250      Das kippt!
           0,2000
  5                   0,0000   0,4200
```

Dem vierten Würfel wurde es jetzt zu viel: er kippt mit allem, was darüberliegt!
Überrascht? "Und sowas soll ich jetzt verstehen und in Multiplan–Formeln über-
setzen?" fragen Sie entsetzt, "Ich bin doch kein Diplom–Physiker!". Keine
Angst, das ist ganz einfach[17] – und der Mühe wert! Damit wird Ihr PC mit
Multiplan zur Party–Attraktion: wer baut den krummsten Turm? (Der Rekord:
der oberste Würfel ist über eine Würfel–Breite weiter rechts als der unterste!)

Bringen wir die Physik rasch hinter uns, um bald auf Multiplan zurückzu-
kommen! So ein Würfelturm kippt, wenn sein Schwerpunkt weiter rechts ist als
der Rand des darunterliegenden Würfels. "Aha", denken Sie, "das schafft die
Funktion **wenn** – wenn **ich** nur wüßte, wo dieser Punkt und dieser Rand sind!"

Der Rand ist genau 1/2 Würfel–Breite rechts von der jeweiligen Würfel–Mitte,
und wo die ist, kann man leicht ausrechnen. Ein einzelner Würfels hat seinen
Schwerpunkt in der Mitte; das hatten Sie schon vermutet. Und den Schwerpunkt
eines Würfel–Turms rechnet Ihnen die Funktion **mittelw** aus, Sie brauchen ihr
nur die Schwerpunkte (also die Mitten) aller dazugehörenden Würfel anzugeben.

---

17 So fangen alle Erklärungen von Physikern an, aber diesmal dürfen Sie's
   wirklich glauben!

Das war schon die ganze Physik, auf nun zu Multiplan! Zuerst kommt die Routine-Arbeit: als gewiegter Multiplaner haben Sie schon erkannt, wie die Überschriften und die beiden ersten Spalten auszufüllen sind; auch ist Ihnen klar, wie Sie Standard-Format und Spalten-Breiten einstellen müssen. Tun Sie's! Wir brauchen Ihnen dabei wohl nicht mehr die Hand zu führen.

Jetzt also die Formeln. Fangen wir mit der Spalte **Position** an: ganz unten tragen Sie *0* ein; weiter oben soll berechnet werden, wie weit rechts jeder Würfel (genauer: dessen Mitte) liegt. Nun, in der Spalte **Verschiebung** steht, um wieviel weiter rechts als der drunterliegende Würfel das ist. Also lassen Sie diese beiden Zahlen zusammenzählen:

```
(Pfeiltasten)                    Spalte Position
Wert
        Wert: (Pfeiltasten)      zwei runter: nächster Würfel
              +
              (Pfeiltasten)      eins links und eins runter:
                                 Verschiebung
(Return)
Kopie
        Von                                das ist neu
              Feld:     Z5S3               steht schon da
              in Feld:  (Pfeiltasten)      eine Position
                        ;                  und
                        (Pfeiltasten)      noch eine
                        ;                  und
                        (Pfeiltasten)      die letzte
(Return)
```

Sie haben bei der Gelegenheit eine neue Art zu **Kopieren** gelernt; damit kopieren Sie ein Feld an eine beliebige Stelle, nicht immer nur in das Nachbarfeld wie bei **Kopie Rechts** oder **Nach_Unten**. Diesmal wollten wir zum Beispiel jeweils eine Zeile zwischen den Positionen freilassen.

Und noch ein Helferlein ist Ihnen grade begegnet: wenn Multiplan in Befehlen nach Feldern fragt, dürfen Sie auch auf mehrere zeigen. Jedesmal, wenn Sie dabei den Strichpunkt eintippen, springt der Feldzeiger wieder in das aktuelle Feld zurück. Das nützen Sie in Zukunft aus, um lange Wege beim Draufzeigen zu vermeiden: Sie schreiben die Formel zuerst in die Mitte und kopieren sie dann nach oben und nach unten.

Nun zur Spalte 4: da soll jeweils der Schwerpunkt des Türmchens von "hier" bis hinauf zum obersten Würfel stehen. Diesen Schwerpunkt brauchen wir nachher um zu entscheiden, ob die Angelegenheit zu wackelig wird. Doch da müssen wir – und Sie – höllisch aufpassen, damit die Formel beim Kopieren keinen Unsinn anstellt: diese Türmchen sind alle verschieden hoch! Sie ragen von verschiedenen "Hier" (Aha: Relativ-Adresse!) bis zum selben "Dort" (Aha: Absolut-Adresse!) empor. Hätten Sie an diesen Unterschied gedacht?

```
    (Pfeiltasten)                    Schwerpunkt, Würfel 2
    Wert
            Wert: mittelw(           kein Leerzeichen!
                  (Pfeiltasten) (F3)  Position, Würfel 1
                  (Linkspfeil)       eigene Position
                  )
    (Return)
    Kopie
            Von
                  Feld: Z7S4         steht schon da
                  in Feld:           vergleiche oben
    (Return)
```

Schon sind Sie dem Turm wieder eine Spalte näher gekommen:

```
          Der schiefe Turm von Multiplan
          ================================
Würfel Verschiebung Position Schwerpkt    ...und so sieht's aus

   1                    0,8500    0,8500
            0,2000
   2                    0,6500    0,7500
            0,2500
   3                    0,4000    0,6333
            0,2000
   4                    0,2000    0,5250
            0,2000
   5                    0,0000    0,4200
```

Fein! Jetzt müssen Sie noch die Würfel-Bildchen und die kritischen Randbemerkungen programmieren (nein: formulieren). Wir kommen also in's Reich der Texte und logischen Werte.

Wieso Texte? Multiplan kennt ja keine Bilder – da müssen Sie es eben etwas überlisten. Dazu hat Ihr PC eine ganze Reihe Striche, Balken, Kleckse und andere Spezial-Zeichen in seinem Alphabet, aus denen Sie einfache Bildchen zusammensetzen können. Man nennt sowas <u>Semi-Grafik</u>[18], weil's halt doch kein richtiges Bild ist. Ihren Tabellen gibt die Semigrafik einen professionellen Anstrich: eine durchgehende Trennlinie[19] macht doch gleich viel mehr her als eine aus Minus-Zeichen, wie im Handbuch, Seite 3–17, vorgeschlagen!

Ihren ersten Versuch mit der Semigrafik unternehmen Sie beim untersten Würfel: schicken Sie den Feldzeiger nach Z11S5, wählen Sie den Befehl **Text**. Der Text beginnt mit zwei Leertasten.

Ein Zeichen, das Ihrer Tastatur fehlt, bekommen Sie mit der *Alt*-Taste in den Rechner: Sie halten die *Alt*-Taste fest und tippen beispielsweise *219* auf dem Zehnerblock (ganz rechts auf dem Tastenfeld), dann erst lassen Sie die *Alt*-Taste wieder los. Auf dem Bildschirm erscheint ein helles Rechteck, ein Zeichen breit. Wir schreiben dafür ab jetzt *(Alt)219*.

---

18 Von lateinisch *semi-* (halb–) und griechisch *grafike* (Malkunst).

19 Aus *(Alt)196–* oder *(Alt)205–*Linienstückchen, vgl. übernächsten Absatz. Weitere Semigrafik-Zeichen finden Sie im Anhang C des technischen Handbuchs zu Ihrem PC.

Wiederholen Sie das noch viermal, dann haben Sie schon die obere Hälfte des Würfels zusammen. Kopieren Sie den Text eine Zeile nach unten; so entsteht die andere Hälfte. Stellen Sie diesen Würfel noch auf einen Boden aus lauter *(Alt)223*-Zeichen (eine Zeile tiefer).

Die übrigen Würfel bestehen aus den Zeichen *(Alt)176* oder *(Alt)178*, damit sie sich voneinander abheben. Der Turm soll richtig schief aussehen, also kommen noch einige Leerzeichen davor – wieviele, das hängt von der **Position** ab. Das ist ein Fall für die Funktion **wiederh** (Sie erinnern sich?). Eine ganze Würfelbreite macht (wie beim untersten Würfel) fünf Zeichenbreiten; zwei Leerzeichen extra sorgen (wie beim untersten Würfel auch) für den nötigen Abstand zu den Zahlen. Die Funktion **runden** hilft, das Bild so genau wie möglich zu malen. Also los:

```
(Pfeiltasten)                    Z5S5: Würfel 1, untere Hälfte
Wert
        Wert: wiederh(" ";runden(
              (Pfeiltasten)
              *5;0)+2)             2 links: Position
              & "
              (Alt)176             5mal eintippen
              "
(Return)                          geschafft!
```

Diese wilde Formel kopieren Sie noch in die Zeilen 7, 9 und 11; dann sind die unteren Würfelhälften schon fast fertig. Damit sie nicht alle gleich aussehen, **Verändern** Sie den Würfel 2 (Zeile 7): aus den fünf *(Alt)176* machen Sie fünf *(Alt)178*. Schließlich kopieren Sie die veränderte Formel noch in Zeile 11.

Die oberen Würfelhälften sehen natürlich genau so aus wie die unteren. Sie schreiben aber die Formeln nicht ab, kopieren Sie auch nicht, denn wozu soll Multiplan zweimal das Gleiche ausrechnen? Schneller rechnet zweifellos eine Formel, die nur auf die untere Hälfte desselben Würfels zeigt! Aber das genügt nicht: das Arbeitsblatt soll ja melden, ob der Turm einstürzt. Also:

```
(Pfeiltasten)                     Z4S5: Würfel 1, obere Hälfte
Wert
        Wert: (Abwärtspfeil)      wie untere Hälfte
              &
              wenn(
              (Pfeiltasten)       1 ab, 1 links: Schwerpunkt
              >                   d.h. weiter rechts
              (Pfeiltasten)       3 ab, 2 links: Position Würfel 2
              +0,5;               Rand statt Mitte
              " Das kippt!";      Text, falls zu weit rechts
              "")                 Text, falls Turm stabil
(Return)
```

Kopieren Sie diese Formel auf die freien Plätze der Spalte 5, dann ist der Turm komplett. Nun machen Sie noch Ihr Arbeitsblatt mit einem zünftigen Schreibschutz "party-fest". Am schnellsten geht das so:

```
(Ctrl)(PgUp)
Schutz
      Felder
            Felder: Z1S1           steht schon da: von oben
                    :              bis
                    (End)          unten
            Status: Geschützt
(Return)

(Pfeiltasten)                      zweite Verschiebung
Schutz
      Felder
            Felder: Z8S2           steht schon da
                    ;
                    (Pfeiltasten)  erste Verschiebung
                    ;
                    (Pfeiltasten)  dritte Verschiebung
                    ;
                    (Pfeiltasten)  vierte Verschiebung
            Status: ungeschützt
(Return)
```

Tragen Sie versuchsweise verschiedene Verschiebungen in Spalte 2 ein: die Würfel rutschen entsprechend seitwärts; und die kritischen Bemerkungen in Ihrer jüngsten Formel warnen Sie vor allzu waghalsigen Schräglagen. Probieren Sie auch noch rasch mit der *F2*–Taste aus, ob die richtigen Felder geschützt sind, und speichern Sie dann sofort dieses Wunderding von Arbeitsblatt ab. Sie haben schon lange genug daran gesessen.

Viel Spaß beim Austüfteln des schiefsten Turms! Dazu noch ein heißer Tip: je krummer der Turm, desto besser. Die oberen Würfel müssen möglichst weit nach rechts, unten müssen Sie dann zaghafter vorgehen. Der oberste der vier Würfel kann, wie gesagt, den untersten um mehr als eine ganze Würfelbreite überragen; um einen Würfel auf das doppelte Maß hinauszuschieben, bräuchten Sie schon 30 Würfel als Unterbau (und für drei Würfelbreiten sogar 226). Daran mögen Sie sehen, **wie krumm** Sie bauen müssen!

So schreibt man lesbare Formeln

Inzwischen zucken Sie wohl kaum mehr bei Formeln wie *Z[+2]S+Z[+1]S[-1]* oder *mittelw(Z5S3:ZS[-1])* (beide im "schiefen Turm") zusammen. Vielleicht stecken Sie auch *Z[+1]S&WENN(Z[+1]S[-1]>Z[+3]S[-2]+0,5;" Das kippt";"")* noch locker weg. Aber wenn einmal eine Formel über fast zwei Zeilen reicht und mit sieben rechten Klammern endet, ist die Schmerzgrenze wohl überschritten: irgendwer außer Multiplan muß diese Formeln ja auch wieder lesen, verstehen, gar ändern können!

Drei Hausmittel gegen allzu lange und verschachtelte Formeln kennen Sie schon.

1. Sie können Hilfsfelder für Teilergebnisse anlegen. Dafür ist Ihnen oft auch der Leser der fertigen Tabelle dankbar.

   Schauen Sie sich nochmal die Weinrechnung in Kapitel 4.1 an: dort wird in einem Feld die Mehrwertsteuer berechnet; in einem anderen Feld erscheint der Endpreis als Summe aus Warenwert und Steuer. Diese beiden Formeln versteht man wohl leichter als *(1+Z[-5]S)*ZS[-1]*. Und der Leser der Tabelle hat eher eine Chance, die Zahlen nachzurechnen und dann auch zu glauben. Sie erinnern sich noch an die Klage von Helmut Schmidt, er könne seine Gasrechnung nicht lesen? Das war genau so ein Fall!

2. Falls es Ihnen gar nicht auf die Formel ankommt, sondern nur auf ihren Wert, und falls sich der nie ändern kann, dann drücken Sie doch einfach Taste *F4*, sobald die Formel steht.

3. Rechnen Sie zuerst ein bißchen mit Bleistift und Papier: vereinfachen Sie Formeln möglichst weit, ehe Sie sie eintippen. Nicht *Z[-2]S*Z[-2]S* soll in Ihrer Formel stehen sondern *Z[-2]S^2*, auch nicht *summe(b)/anzahl(b)* sondern *mittelw(b)*, und in der Art gibt's noch viele Beispiele.

Ein besonders schönes finden Sie im Multiplan-Handbuch selbst, und zwar auf Seite 8-3: dort stehen die Formeln

     Prämie = Nettogewinn * 10/100

     Nettogewinn = Bruttogewinn - Prämie.

Der Bruttogewinn ist bekannt, die beiden andern Zahlen sind gesucht. Sowas formt man[20] in 22 Sekunden (mit Stoppuhr geprüft) um:

     Prämie = Bruttogewinn / 11

     Nettogewinn = Bruttogewinn - Prämie.

Und so können Sie's bedenkenlos in jedes Arbeitsblatt schreiben.

Mit *derart zeitraubenden Arbeiten, die mit der Erstellung algebraischer Formeln verbunden sind* (Zitat), machen Sie also Ihre Arbeitsblätter übersichtlicher und ersparen sich manchmal sogar eine schwierige Iteration[21].

Aber auch die kürzeste Multiplan-Formel mit ihren Relativ-Adressen erfaßt man nicht auf einen Blick: **Z[+3]S[-2]**, was war das doch gleich? Beim Schreiben der Formel haben Sie's noch gewußt und einfach draufgezeigt – aber jetzt, nach 14 Tagen...? Viel lieber würden Sie doch klipp und klar die **Bedeutung** jedes Operanden aus der Formel ablesen: *Steuersatz*Warenwert* zur Berechnung der Mehrwertsteuer, *wenn(Schwerpunkt>Rand; " Das kippt!"; "")* im "schiefen Turm".

Auch diesen Gefallen tut Ihnen Multiplan, aber dafür müssen Sie natürlich einige Tastendrücke investieren. Mit dem Befehl **Name** benennen Sie Felder oder Feld-Gruppen nach ihrem Inhalt, ihrer Bedeutung. In den Formeln können Sie dann die Namen als Feldbezeichnungen (statt absoluter Adressen) verwenden.

---

20 Dazu braucht's weder besondere mathematische Begabung noch spezielles Training: zwei Kindern (11 und 12 Jahre, wir hatten keine jüngeren zur Hand) haben wir diese Aufgabe in klares Deutsch übersetzt: nach ein bis zwei Minuten hatten sie die Lösung.

21 Bitte kein Mißverständnis: natürlich ist eine Iteration manchmal sinnvoll, nur hier eben nicht. Wenn Ihnen je so ein Fall begegnen sollte, müssen Sie das Multiplan-Iterationsverfahren aus dem Handbuch (Kapitel 8) lernen, da unser Multiplan-Kapitel sonst zu lang würde.

Nehmen Sie noch einmal Ihr altes Ausgaben-Beispiel aus Kapitel 4.3 zur Hand (Sie wissen schon: **Übertragen Laden**). Dort bauen Sie jetzt ein paar Namen ein. Wenn Sie dieses Arbeitsblatt zwischendurch mal abspeichern wollen, wählen Sie bitte einen neuen Dateinamen; wir brauchen das alte Beispiel später noch.

Sobald der Bildschirm Ihre Ausgaben-Übersicht zeigt, probieren Sie Folgendes:

<pre>
 (Pfeiltasten)   Essen, Montag: Z3S2
Name
         Namen definieren: Montag
         Bereichsangabe: Z3S2   steht schon da
                         :
                          (Pfeiltasten) letzter Einzelposten
 (Return)
Name
         Namen definieren: Dienstag
         Bereichsangabe: Z3:9S3   stimmt alles schon!
 (Return)   und so weiter
</pre>

Die Bereichsangaben dürfen in unserem Beispiel die Summenzeile nicht mit einschließen, also müssen Sie beim Definieren auf den letzten Einzel-Posten der jeweiligen Spalte zeigen (das ist unmittelbar über der Summen-Zeile, in unserem Beispiel Feld Z9S3). Falsch definierte Namen ändern Sie mit dem Befehl **Name**; im Parameterfeld **Namen definieren** drücken sooft Sie den Rechts- oder Linkspfeil, bis der Name erscheint, den Sie ändern wollen. Dann können Sie den Parameter **Bereichsangabe** abändern oder löschen (*Del*-Taste).

Jetzt können Sie die Summen-Formel (bei uns in Feld Z10S3) schöner schreiben: *summe(Montag)*. Der Name **Montag** steht für den ganzen Bereich, dem Sie ihn eben zugeordnet haben, und die Funktion **summe** will gerade einen Bereich als Argument – das paßt ja prima! Sie brauchen sich übrigens nicht die Mühe zu machen, jemals wieder *Montag* (oder einen anderen definierten Namen) einzutippen: drücken Sie einfach beim Formelschreiben die Wundertaste *F3* und danach Rechts- oder Linkspfeile, bis der Name dasteht.

Taste *(F3)* **vor** *Pfeiltasten* liefert die definierten Namen,

Taste *(F3)* **nach** *Pfeiltasten* wandelt relative in absolute Adressen um.

Ob die eben definierten Namen wohl auch helfen können, die Kostenarten (Spalte 9) übersichtlicher zu schreiben? "Wohl kaum", meinen Sie, "denn wir haben ja den Spalten Namen gegeben, und hier wollen wir Zeilen summieren". Und doch, machen Sie mit uns einen kleinen Test!

Zuerst schreiben Sie die Formel *summe(Montag:Sonntag)* ins Feld Z3S9. (Sie denken doch dabei an *(F3)*?) Das Ergebnis ist genau so falsch, wie Sie befürchtet haben: da oben steht jetzt die frühere Gesamtsumme (bei uns **224,47**). Also müssen wir wohl neue Namen definieren?

Machen Sie doch noch einen zweiten Versuch mit Z3S9: schreiben Sie diesmal *Montag+Dienstag+Mittwoch+Donnerstag+Freitag+Samstag+Sonntag*. O Wunder, jetzt steht wieder die alte Summe da! Wie ist das möglich? Der Operator "+" will links und rechts von sich einzelne Zahlen-Werte als Operanden sehen. Geben Sie ihm stattdessen (wie eben) den Namen eines ganzen Bereichs an, so wählt Multiplan ein einziges Feld davon aus. Stehen die angesprochenen Felder untereinander in einer Spalte, so wird entsprechend das Feld in der passenden Zeile verwendet.

So machen's auch einige Funktionen mit ihren Argumenten. Die erkennen Sie in Kapitel 11 (Funktionsübersicht) Ihres Multiplan-Handbuchs an Argumenten wie *N* oder *Wert*. Steht dagegen *Liste* oder *Bereich* da, so
- dürfen Sie wie bei der Funktion **summe** mehrere Werte, einen oder mehrere Bereiche angeben (auch als Namen),
- müssen Sie selber aus Bereichen mit dem Schnittmengen-Operator (vgl. übernächsten Absatz) die Werte auswählen, die Sie haben wollen.

Die neue Summenformel ist also nicht nur übersichtlicher, sondern sogar kopier-fähig: sie funktioniert in allen Zeilen richtig, nur nicht in der Summenzeile. Wenn Sie sie dorthin kopieren, erhalten Sie den Fehlerwert !NULL!, weil die Bereiche **Montag** bis **Sonntag** nicht bis in diese Zeile reichen.

Bleibt der unschöne Unterschied zwischen + und **summe**. Ganz wegzaubern kön-nen wir ihn nicht, doch wenigstens mildern. Sie können den praktischen Zeilen-Auswahl-Mechanismus auch hier bekommen, Multiplan will nur ausdrücklich drum gebeten sein. Das tun Sie mit einem neuen Operator mit dem hochtraben-den Namen <u>Schnittmengen-Operator</u> und dem bescheidenen Erscheinungsbild eines Leerzeichens. Die Formel lautet richtig: *summe(Montag Z:Sonntag Z)*. Sie lesen: "von Spalte **Montag** in dieser Zeile bis Spalte **Sonntag** in dieser Zeile". Diese Formel können Sie natürlich auch in andere Zeilen kopieren, soweit die angesprochenen Spalten-Bereiche reichen.

Alles, was wir soeben vorgestellt haben, funktioniert auch umgekehrt mit Namen für Zeilen-Bereiche und *S* als Zeichen für die aktuelle Spalte. Mehr darüber finden Sie auf den Seiten 9-17 bis 9-26 Ihres Multiplan-Handbuchs.

Sollen auch noch die Formeln in der letzten Spalte übersichtlicher werden, so braucht das Feld mit der Gesamtsumme (bei uns Z10S9) noch einen Namen. Also bringen Sie den Feldzeiger dorthin, rufen den Befehl **Name** auf – und erleben eine unangenehme Überraschung: Multiplan hat allzu gut mitgedacht und bietet Ihnen den Parameter **Bereichsangabe: Z3:9S9** an! Weil der nun überhaupt nicht passen will, zeigen Sie also mit dem Befehlszeiger darauf und überlegen, was zu tun ist. Taste *Del* würde die Sache nicht gerade besser machen: der unerwünschte Wert wäre zwar weg, aber kein besserer dafür da. Der Trick: drücken Sie nacheinander zwei entgegengesetzte Pfeiltasten (etwa auf und ab) – schon ist der Feldzeiger wieder an seinem Platz und im Parameterfeld steht die richtige Adresse. So überlistet man allzu kluge Programme!

Die Formeln in Spalte 10 (Anteile) müssen *summe/gesamtsumme* lauten. Bringen Sie das alles in Ordnung und speichern Sie das Arbeitsblatt unter einem neuen Namen. Wir brauchen Sie nämlich beide noch: das alte mit den Relativ-Adressen und das neue mit den Namen.

Ordnung ist das halbe Leben

In solch umfangreichen Werken wie unsrer Ausgabenliste findet man sich leichter zurecht, wenn die einzelnen Einträge geordnet sind, etwa nach den Ausgabe-Arten (von **Abakus** bis **Zylinderkopfdichtung**). Wollen Sie den Leser dagegen auf die Bedeutung der einzelnen Posten für den Gesamt-Etat hinweisen, so sollten die Ausgaben nach ihrer Größe geordnet sein: der dickste Brocken zuoberst.

Das alles besorgt bestens der Befehl **Ordnen**. Holen Sie zunächst Ihre alte Ausgabenliste (die mit den Relativ-Adressen) auf den Bildschirm, dann probieren wir's zusammmen aus:

```
(Pfeiltasten)               Text Essen in Z3S1
Ordnen
        der Spalte: 1       stimmt schon
        von Zeile: 3        Obacht!
        bis Zeile: 9        Obacht!
(Return)
```

Nach wenigen Sekunden sind die Ausgaben sortiert. Jede Ausgaben-Art hat alle zugehörigen Einzel-Beträge mit in ihre neue Zeile genommen:

```
Ausgaben
          Mo      Di      Mi      Do      Fr      Sa      So    Summe
Bücher   31,02                                    9,80         40,82   24,8%
Disco                                            29,80         29,80   18,1%
Essen    22,83    6,30   15,22    5,10    6,30   38,11         93,86   57,1%
Getränke  5,70    2,30            8,10           15,98    5,90 37,98   23,1%
Omnibus   2,20            2,20    2,20                          6,60    4,0%
Papier    8,11                                                 8,11    4,9%
Zeitung   1,20    1,20    1,20    1,20    1,20    1,30          7,30    4,4%
Summe    53,85    6,30   15,22    5,10    6,30   77,71    0,00 164,48 100,0%
```

Jetzt sieht diese Übersicht ja recht beeindruckend aus. Doch wenn Sie nicht computer–zahlen–gläubig sind, haben Sie schon bemerkt, daß da etwas nicht stimmt: die Tagessummen sind zu klein geworden und die Anteile zu groß; am Sonntag gab's anscheinend Freibier.

Ehe wir diesem Fehler nachgehen, machen Sie mit uns ein weiteres Experiment: holen Sie die neue Liste (die mit den Namen) auf den Schirm und ordnen Sie die mit dem gleichen Befehl wie grade eben. Sie sehen: diesmal stimmen die Zahlen! Was ist geschehen?

Zum Ordnen muß Multiplan ganze Zeilen vertauschen und übereifrig, wie Programme nun mal sind, sucht es anschließend im ganzen Arbeitsblatt nach Formeln, in denen von diesen Zeilen die Rede ist, um die Adressen anzupassen. Dabei macht es keinen Unterschied zwischen Relativ– und Absolut–Adressen (den gibt's nur beim Kopieren).

Da steht also in Z10S2 die Formel SUMME(Z[-7]S:Z[-1]S). "Aha," denkt sich Multiplan, "die Zeilen Z[-7] und Z[-1] habe ich grade woanders hingeschoben" und schwupp! stehen in der Formel SUMME(Z[-5]S:Z[-7]S) neue Adressen, die Sie gar nicht wollten. Das entscheidende Mißverständis: Multiplan sieht das, was Sie als einen Bereich auffassen, als zwei getrennte Adressen.

Haben Sie aber dem Bereich einen Namen gegeben (und den auch in der Formel verwendet), so ist alles klar: die Bereiche aus den Namens–Definitionen werden beim Ordnen nicht verändert.

Nun kennen Sie eine (die beste) Möglichkeit, Überraschungen beim Ordnen zu vermeiden. Insgesamt drei sind uns eingefallen:

1. Bereiche, in denen Zeilen umgeordnet werden, über **Namen** ansprechen; *oder*

2. Vor dem Ordnen `Zusatz Sofort_Rechnen: nein` einstellen, nach dem Ordnen das Arbeitsblatt nur noch anschauen (auch drucken), aber keinesfalls abspeichern und auch nicht Taste *F4* drücken; *oder*

3. An Bereichs–Angaben in Formeln oben und unten je eine **Schutz–Zeile** anfügen, die nicht mitgeordnet wird.

Ordnen Sie zur Abwechslung Ihre Ausgaben der Größe nach. Wenn der Feldzeiger vor dem Ordnen in Spalte 9 steht, so stimmen drei der vier Parameter: Multiplan hat sich gemerkt, daß Sie eben die Zeilen 3 bis 9 geordnet haben, und nimmt an, Sie wollten's (mit anderer Sortier-Spalte) wieder tun. Recht so!

Der vierte Parameter heißt **Sortierfolge**. Wählen Sie hier <u>aufsteigende</u> (”von klein nach groß”, wie vorhin für die Texte) oder <u>absteigende Sortierung</u> (”von groß nach klein” wie hier in Spalte 9) .

Mehrere Ordnungsbegriffe

Manchmal genügt es nicht, nur nach einer Spalte zu ordnen. Sie wollen etwa die Aufträge, die die Vertreter Ihrer gutgehenden Firma hereingeholt haben, nach Vertreter, Kunde und Datum ordnen. Oder Sie wollen – noch so ein frivoler Gedanke – mit Multiplan eine Fußball-Tabelle berechnen, die bekanntlich nach Gewinnpunkten, Verlustpunkten und Tordifferenz geordnet werden muß. Wenn Sie den meisten Büchern über Multiplan glauben (etwa dem Multiplan-Handbuch ab Seite 10-43), geht das nur sehr mühsam, Spalte für Spalte. Und Sie brauchen immer eine ausführliche Gebrauchsanweisung dazu, damit die Befehle auch in der richtigen Reihenfolge eingetippt werden.

Doch mit etwas Kreativität oder dem richtigen Buch schaffen Sie das viel, viel einfacher. Jedes Sortier-Problem kann mit einem einzigen Aufruf des Befehls **Ordnen** erledigt werden.

Sie brauchen dazu nur eine spezielle <u>Sortier-Spalte</u> in Ihrem Arbeitsblatt vorzusehen; dort lassen Sie eigens zu diesem Zweck erfundene Bewertungszahlen, oder <u>Sortier-Schlüssel</u>, aus den interessanten Feldern der jeweiligen Zeile berechnen. Sind die passend gewählt, braucht man nur noch nach der einen Sortier-Spalte zu ordnen.

In der Sortier-Spalte der Fußball-Tabelle berechnet bespielsweise die Formel *(-Gewinnpunkte*34+Verlustpunkte)*100-Tordifferenz* eine umso kleinere Zahl, je besser ein Verein dasteht. Die wächst nämlich mit den Verlustpunkten und wird kleiner, wenn Gewinnpunkte oder Tordifferenz wachsen. Die Faktoren *100* und *34* sorgen dafür, daß auch beste Tordifferenzen und kleinste Verlustpunkt-Zahlen fehlende Gewinnpunkte nicht ersetzen können.

Vertreter und Kunden können Sie nicht so leicht zu Zahlen machen wie Punkte und Tore. Also ordnen Sie passende Ketten-Texte: *teil(Vertreter;1;5) & teil(Kunde;1;5) & Jahr & Monat & Tag*. Falls **Jahr** und **Monat** bei Ihnen Zahlen sind, schreiben Sie *fest(Jahr;0) & wenn(monat>9; fest(Monat;0); "0"&fest(Monat;0))*.

Vor Ihrer Sekretärin oder anderen gelegentlichen Multiplan-Benutzern verbergen Sie die Sortierspalte außerhalb des Bildschirms. Damit Sie sie nicht zu Papier bringen, stellen Sie mit Befehl **Druck** entsprechende **Randbegrenzungen** ein.

5 Datenverwaltung mit dBASE II

5.1 Datenverwaltung – was ist das?

5.2 Eine erste Sitzung mit dBASE

5.3 Mehr dBASE–Befehle: Erweitern, Sortieren, Drucken

5.4 Einige Anwendungen aus der Praxis

5.5 Die wichtigsten dBASE–Befehle auf einen Blick

5.1 Datenverwaltung – was ist das?

Nachdem Sie mit Ihrem Computer schon Briefe schreiben und Tabellenberech-
nungen ausführen können, lernen Sie in diesem Kapitel die Datenverwaltung
kennen und wie Sie dafür Ihren Computer einsetzen können.

Sie wissen ja schon:

-> **Beliebige Texte**, also Briefe oder Manuskripte, sind Daten, die
normalerweise nicht nach einem festen Schema angelegt sind.
Diese ”unsystematischen Daten” können Sie am besten mit
Microsoft Word verarbeiten.

-> **Zahlen**, mit denen Sie rechnen wollen, und dazugehörende Texte,
müssen Sie sehr wohl systematisch anordnen, nämlich in Zeilen
und Spalten. Zur Berechnung und Verwaltung dieser **Rechen-
tabellen** haben Sie das Programm *Multiplan* kennengelernt.

Jetzt fragen Sie sich sicher, wozu Sie überhaupt noch die Datenverwaltung
brauchen. Was bietet diese denn noch mehr?

Unter **Datenverwaltung** verstehen wir systematisch, das
heißt nach einem festen Schema angeordnete Daten, die auf
einfache Weise erfaßt, gepflegt, verändert, durchsucht,
sortiert und miteinander verknüpft werden können.

Beispiel:

Stellen Sie sich unter den Daten, die Sie verwalten wollen, die umfangreiche
Telefonliste Ihrer Freunde vor. Sie müssen Änderungen in der Liste vornehmen,
neue Freunde kommen dazu, die Telefonnummern oder die Namen können sich
ändern. Eine alphabetische Sortierung der Namen erleichtert zumindest bei einer
langen Liste das Suchen nach einer bestimmten Telefonnummer.

Denken Sie dabei einmal an einen Karteikasten. In einem solchen Kasten befinden sich Karteikarten, die beliebig ergänzt, entfernt und geändert werden können. Die Information ist in einem bestimmten Schema auf die Karten geschrieben, so daß einzelne Daten schnell und einfach wiedergefunden werden können.

Solche "Karteien" oder "Listen" kennen Sie auch aus anderen Bereichen: die Preisliste für das Zubehör zu Ihrem neuen Auto, die Lager-Bestandsliste Ihrer Vorratskammer, die Personal-Liste Ihrer Großfamilie oder Firma. Und alle haben sie eines gemeinsam: auf jeder dieser "Karteikarten" sind mehrere Felder vorgesehen, die von Karte zu Karte gleich groß sind und dieselbe Bedeutung haben! Das ist also die **Struktur** unserer Kartei, unserer Datenverwaltung.

Was sind Datenbanken?

Dateien, in denen Sie große Datenmengen systematisch auf Ihrem Rechner verwalten, können auch Datenbanken genannt werden, wenn sie nach einem bestimmten Schema angeordnet sind. Aber kaum eine Datenbank, die wir auf Personal Computern kennen, wird diesem hohen Anspruch gerecht. Deshalb sprechen wir im Zusammenhang mit dBASE von einer **Datei**, obwohl in der Original-Literatur von einer Datenbank die Rede ist. Gemeint ist dasselbe; welchen Begriff Sie in Zukunft verwenden werden, überlassen wir Ihnen!

Warum dBASE II?

Für IBM und verwandte Personal Computer gibt es inzwischen eine ganze Reihe von Programmen zur Datenverwaltung. Für Ihre ersten Anwendungen haben wir das Programm dBASE II herausgesucht, weil es

- alle geforderten Funktionen anbietet, die zum pinzipiellen Verständnis der Datenverwaltung erforderlich sind

- das derzeit am weitesten verbreitete Programm zur Datenverwaltung auf Personal Computern ist.

Das programm **dBASE III** ist eine weiterentwickelte Version von dBASE II mit erweitertem Leistungsumfang: "besser, schneller und komfortabler" urteilt die Fachpresse. Insbesondere die (deutsche) Menüsteuerung hat uns gut gefallen!

Sie können jedoch alles, was Sie hier mit uns über dBASE II lernen, auch für dBASE III verwenden. Die Leistungen und Befehle, die Sie hier lernen, gelten also für beide Programme. Deshalb werden wir in Zukunft auch nur noch von dBASE sprechen.

Leistungen von dBASE

In dBASE sind die folgenden Anforderungen an ein Datenverwaltungsprogramm realisiert:

- Erzeugen von Dateien

- Erfassen und Speichern von Daten

- Verändern von Daten

- Ausgeben von Daten (auf Bildschirm, Drucker, Diskette)

- Sortieren von Daten

- Verknüpfen mehrerer Datenbestände

- Ablegen von Daten für andere Programme (z.B. Word)

- Programmieren von Prozeduren (für fortgeschrittene dBASE-Anwender)

5.2 Eine erste Sitzung mit dBASE

dBASE ermöglicht auf einfache Weise das Verwalten von kleinen bis mittleren Datenmengen auf Ihrem Personal Computer. Die Leistungen dieses Programms werden über **dBASE-Befehle** angesprochen.

Die dBASE - Datei

Um mit dBASE Daten verwalten zu können, muß eine Datei eingerichtet werden, die die Daten aufnehmen kann. Bevor Sie nun eine solche Datei mit dem entsprechenden Befehl anlegen können, müssen Sie wissen, welche Regeln für diese Datei gelten.

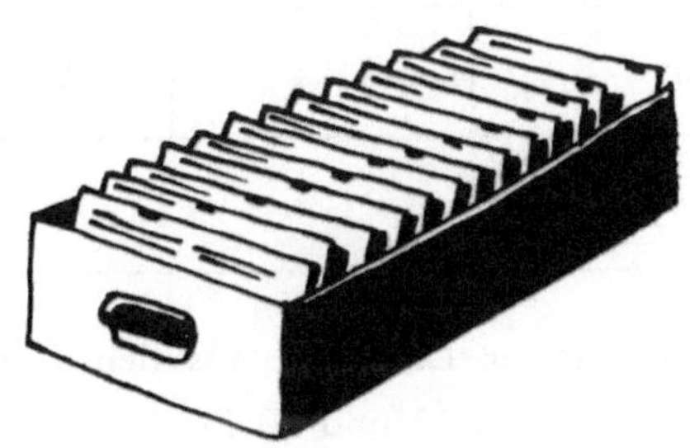

Erinnern Sie sich an das Beispiel der Datenhaltung mit Hilfe der Kartei? Dem Karteikasten entspricht in dBASE die **Datei**. Wie die Kartei aus einer Vielzahl gleichaussehender Karteikarten besteht, ist eine Datei in gleichgeordnete, gleichlange **Datensätze** unterteilt. Den verschiedenen Bereichen auf einer Karteikarte entspricht in dBASE die Unterteilung des Datensatzes in verschiedene **Datenfelder**. Man spricht hier von der "Struktur einer Datei". Diese muß vom Benutzer (das sind Sie!) festgelegt werden. Beim Anlegen einer Kartei muß man sich ja auch eine sinnvolle Aufteilung der Karteikarten überlegen.

Struktur einer dBASE–Datei:

Selbstverständlich kann eine dBASE–Datei nicht beliebig groß sein. Auch hier gibt's Grenzen[1]:

->   Eine dBASE–Datei darf maximal aus 65535 Sätzen bestehen.

->   Ein Satz darf maximal in 32 Felder unterteilt sein, oder 1000 Zeichen lang sein, je nachdem, welches Maß zuerst erreicht ist.

Beispiel unseres ersten Datensatzes:

Vorname	Nachname	Telefon
Burkhardt	Angelika	07534/7482

In diesem Beispiel besteht unser Datensatz aus den Feldern "Vorname" und "Nachname" mit einer Länge von 15 und 10 Zeichen, und dem Feld "Telefon" mit der Länge von 12 Zeichen.

Haben wir einmal die Struktur für einen Datensatz festgelegt, gilt diese auch gleich für die ganze Datei: denn alle Datensätze müssen ja gleich strukturiert sein. Das heißt also, alle Datensätze unserer ersten Datei haben nun die Felder *Vorname, Nachname, Telefon* in gleicher Länge und an der gleichen Stelle, Ausnahmen gibt's keine!

---

1   In dBASE III gelten andere Grenzen; bitte schauen Sie in Ihrem Handbuch nach.

dBASE starten

Doch nun genug der Theorie, jetzt geht es praktisch weiter. Am besten setzen Sie sich jetzt mit diesem Buch und der dBASE-Diskette und einer formatierten Datendiskette an Ihren Computer und probieren das Ganze mit uns aus.

Nachdem Ihr Computer eingeschaltet und Ihr Betriebssystem geladen ist, legen Sie nun Ihre dBASE-Diskette in das Laufwerk "A:", klappen Sie dieses zu und tippen ein:

```
A>dbase (return)
```

dBASE wird jetzt geladen, und als Rückmeldung erscheint auf Ihrem Bildschirm ein Punkt, gefolgt von einem Leerzeichen und der Schreibmarke.

```
. _
```

Diese aussagekräftige Zeichenfolge zeigt an, daß dBASE geladen ist, und daß Ihnen der gesamte Leistungsvorrat von dBASE zur Verfügung steht. Leider zeigt dBASE nun keinen seiner vielen Befehle an (wie etwa *Word* oder *Multiplan*), Sie tappen also völlig im Dunkeln, bis daß Sie die ersten Befehle auswendig gelernt haben; zum Glück gibt's wenigstens eine *help*-Funktion!

Datei erstellen und Datensätze eingeben

Als erstes wollen wir gleich einmal eine solche Telefon-Liste anlegen: tippen Sie dazu folgenden Befehl ein:

```
. create (return)
```

Nach dem Abschicken des Befehls erscheint auf Ihrem Schirm die Aufforderung[2], einen Dateinamen einzugeben:

ENTER FILENAME: *b:telefon (return)*

Tippen sie den Dateinamen **b:telefon** ein (Sie wissen ja noch: Dateinamen
dürfen maximal aus 8 Zeichen bestehen, die mit einem Buchstaben beginnen
müssen). Vergessen sie nicht die Laufwerksbezeichnung "B:" zum Dateinamen
anzugeben: Sie wollen doch sicher nicht Ihre Daten auf Ihre dBASE–Programmdiskette schreiben.

Auf der Diskette wird eine dBASE–Datei angelegt, die automatisch die Namenserweiterung ".DBF" (**dB**ASE–**F**ile) erhält. Danach werden Sie aufgefordert, die
Struktur Ihrer Datensätze festzulegen:

```
ENTER RECORD STRUCTURE AS FOLLOWS:

FIELD   NAME, TYPE, WIDTH, DECIMAL PLACES
001     _
```

Die einzelnen Felder bedeuten nun:

> **FIELD**: dBASE erwartet nun die Angaben zum 1. Feld des
> Datensatzes, (angezeigt durch die Zahl 001 unter der
> Bezeichnung FIELD). Tippen Sie also Ihre Wünsche ein,
> jeweils durch Komma getrennt:

---

2 dBASE III spricht deutsch mit Ihnen!

NAME: Die erste Angabe ist der **Feldname**: der nämlich sagt Ihnen, was später einmal in diesem Feld drinstehen soll. Feldnamen dürfen bis zu 10 Zeichen lang sein und müssen mit einem Buchstaben beginnen, dürfen dann auch Ziffern und Doppelpunkte enthalten. Umlaute, "ß" oder Leerzeichen im Feldnamen sind verboten.

TYPE: Als nächstes sollen Sie Angaben zum **Feldtyp** machen; folgende Feldtypen sind erlaubt[3]:

c: für Character (beliebige Buchstaben und Ziffern)
n: für numerische Größen (Zahlen zum Rechnen)
l: für logische Größen (Ja/Nein–Felder)

WIDTH: Die nächste Angabe ist die **Länge des Feldes**. Die Obergrenze für diese Längenangabe ist 254 Zeichen. Hier geben Sie also an, wie viele Buchstaben (oder Ziffern) maximal in das Feld hineinpassen sollen.

DECIMAL PLACES: Als letzte Angabe können die **Nachkommastellen** angegeben werden. Diese Angabe ist natürlich nur bei numerischen Größen sinnvoll. Wenn Ihr Feld also vom Type "c" oder "l" ist, können Sie diese Angabe einfach weglassen.

Wenn Sie die Daten für das erste Datenfeld getippt haben, schicken Sie diese mit der *(return)*–Taste ab. Sind die Angaben fehlerfrei, werden Sie mit der Ziffer 002 aufgefordert, das nächste Feld zu definieren. Wenn Sie alle Ihre Felder definiert, und damit die Struktur Ihrer Datei festgelegt haben, beenden Sie die Aufforderung, ein weiteres Feld zu definieren, mit der *(return)*–Taste.

---

3 in dBASE III können Sie mit der Leertaste von Feldtyp zu Feldtyp umschalten, der jeweilige Feldtyp wird angezeigt.

Gehen Sie also wieder mit uns vor:

```
FIELD NAME,        TYPE, WIDTH, DECIMAL PLACES
001    nachname,   c,     15    (return)
002    vorname,    c,     10,    (return)
003    telefon,    c,     12    (return)
004    (return)
```

Damit ist die **Struktur Ihrer Datenbank** nun festgelegt, Sie können diese nicht mehr (ohne weiteres) ändern! dBASE ist jetzt so freundlich und stellt Ihnen als nächstes die Frage:

```
INPUT DATA NOW?
```

Da Sie ja sicher auch Daten eingeben wollen, antworten Sie mit "y" (yes).

Auf dem Bildschirm erscheint nun der erste freie Satz und die zu füllenden Felder. Zusätzlich wird die Länge jedes Feldes, mit Doppelpunkten begrenzt, ausgegeben.

```
RECORD # 00001

NACHNAME:_              :
VORNAME :        :
TELEFON :            :
```

Sie sehen, der Cursor wartet an der ersten beschreibbaren Stelle des 1. Feldes auf die Eingabe. Hier können Sie nun nach Herzenslust Einträge vornehmen, verbessern, mit den *(Pfeiltasten)* umherwandern. Das Feldende oder die *(return)*-Taste befördert den Cursor in das nächste Feld. Ist das letzte Feld mit Information gefüllt, oder wird es mit der *(return)*-Taste übersprungen, dann wird dasselbe Eingabemuster für den nächsten Datensatz angezeigt.

Wollen Sie den Eingabevorgang beenden, schicken Sie ein leeres Eingabemuster mit der *(return)*-Taste ab. (Natürlich können Sie später immer noch weitere Datensätze eintragen.) Tragen Sie also Ihre erste Telefon-Datenbank ein; wenn Ihnen nichts besseres einfällt, nehmen Sie unsere Liste:

```
Burkhardt (return) Angelika (return) 07534-7482 (return)

Dierenbach (return) Ralf (return) 07531-74185 (return)

Mehl (return) Wolfgang (return) 07531-73100 (return)

Schwanke (return) Stefan (return) 07533-5659 (return)

Stolz (return) Otto (return) 07531-51316 (return)

(return)

. _
```

Datei zur Bearbeitung anmelden

Bevor Sie eine dBASE-Datei benutzen können, muß sie zum Bearbeiten eröffnet worden sein, auch wenn sie gerade erst mit dem Befehl "create" erzeugt und mit Daten gefüllt wurde[4]. Der Befehl zum Anmelden einer Datei heißt "USE".

```
. use b:telefon (return)
```

Die Datei **B:telefon** kann nun mit weiteren dBASE-Befehlen bearbeitet werden.

---

4 Nicht in dBASE III.

Datensätze anzeigen

Nachdem Sie Ihre Datei angelegt und Daten eingetragen haben, wollen Sie sicher die Sätze auf dem Bildschirm anschauen. Dafür gibt's die Befehle **LIST** oder **DISPLAY**. Wir lernen hier den Befehl LIST kennen; er wirkt immer auf die ganze Datei, DISPLAY dagegen nur auf Datensätze eines bestimmten Bereichs.

```
. list (return)
```

Nach Eingabe dieses Befehls bekommen Sie auf Ihrem Bildschirm den Inhalt aller Datensätze angezeigt. Wenn Sie nun Ihre ersten Tippfehler entdeckt haben, verzweifeln Sie nicht: das Ändern der Daten kommt auch noch dran.

Und so erscheinen die eingegebenen Daten mit dem LIST – Befehl auf dem Bildschirm:

```
00001    Burkhardt     Angelika    07534-7482
00002    Dierenbach    Ralf        07531-74185
00003    Mehl          Wolfgang    07531-73100
00004    Schwanke      Stefan      07533-5659
00005    Stolz         Otto        07531-51316

. _
```

Datensätze ändern

Nun endlich dürfen Sie Ihre Tippfehler ausmerzen: um den Inhalt von Datensätzen zu ändern oder zu korrigieren, stehen Ihnen in dBASE wiederum zwei Befehle zur Verfügung: **EDIT** oder **BROWSE**.

> **EDIT**: wenn Sie nur wenige, einzelne Datensätze ändern müssen, benutzen Sie den EDIT-Befehl; Sie bekommen damit immer einen Datensatz zum Ändern angeboten.

> **BROWSE**: wollen Sie dagegen gleich mehrere Datensätze zusammen auf Ihrem Bildschirm bearbeiten, hilft Ihnen der BROWSE-Befehl; hier schreibt Ihnen dBASE immer den ganzen Bildschirm voll.

```
. edit 2 (return)
```

Geben Sie gleich die Nummer des Datensatzes an, dessen Inhalt Sie ändern wollen. Wenn Sie die Nummer weglassen, wird sie von dBASE erfragt. Der gesamte Datensatz erscheint auf Ihrem Bildschirm, und Sie können durch Überschreiben des alten Inhalts die Änderungen vornehmen.

Innerhalb eines Satzes können Sie sich mit den *(Pfeiltasten)* bewegen, Die *(return)*-Taste befördert den Cursor ins nächste Feld bzw. ins erste Feld des darauffolgenden Satzes, falls Sie sich im letzten Feld des Satzes befanden.

> *(ctrl)(w)* Diese Tastenkombination läßt dBASE Ihre letzten Änderungen (soweit nicht schon geschehen) abspeichern und beendet den EDIT-Modus. (In dBASE III entspricht die *(esc)*-Taste der *(ctrl)(w)*-Tastenkombination.)

Zusätzlich stehen Ihnen viele Tasten–Funktionen in diesem Edit–Modus zur Verfügung. Hier die wichtigsten:

```
(Pfeiltaste) Cursor in die gewünschte Richtung bewegen

(return)     Cursor ins nächste Datenfeld (Datensatz)

(PgDn)       Anzeigen des nächsten Datensatzes

(PgUp)       Anzeigen des vorhergehenden Datensatzes

(ctrl)(w)    Ende des Edit-Modus, Speicherung der Änderungen
```

Achtung: Wenn Sie mit der Return–Taste in den nächsten Datensatz abrufen, speichert dBASE die Änderungen im vorherigen Satzes ab.

mehrere Datensätze gleichzeitig ändern

Wollen Sie in mehreren Datensätzen gleichzeitig Änderungen vornehmen, ist der EDIT–Befehl recht langwierig. Der BROWSE–Befehl, der Ihnen bis zu 19 Datensätze auf dem Bildschirm aufzeigt, eignet sich hierfür besser. Mit diesem Befehl schauen Sie wie durch ein Fenster in Ihre Datei.

```
. browse (return)
```

Auf dem Bildschirm erscheinen ab dem aktuell eingestellten Satz 19 Datensätze, sofern noch soviele bis zum Dateiende vorhanden sind. Wenn Sie zufällig noch den letzten Datensatz eingestellt haben, bekommen Sie auch nur diesen auf Ihrem Bildschirm zu sehen. Geben Sie daher vor dem BROWSE–Befehl den Befehl **.GO 1** an, um auf den ersten Datensatz zu positionieren!

dBASE zeigt Ihnen so viele Fenster an, wie auf den Bildschirm nebeneinander passen. Mit dem Cursor können Sie das Fenster nach rechts bzw. links rollen. Auch bei diesem Befehl gelten wieder die gleichen Tasten, die Sie schon beim EDIT-Befehl kennengelernt haben.

Nun Browsen Sie mal schön! Vielleicht geht's Ihnen nun so wie uns, und Sie werden in Zukunft zum Anschauen, Blättern und Ändern nur noch den BROWSE-Befehl verwenden. Dann üben Sie mal kräftig, probieren Sie alle EDIT-Tasten aus!

dBASE beenden

Das ist ganz schön anstrengend, so eine komplette Datenhaltung aufzubauen, nicht wahr? Sicherlich sind Sie nun ganz schön ausgelaugt! Nun, dann wollen wir Ihre erste dBASE-Sitzung mal beenden:

```
.quit (return)
```

Keine Bange: dBASE hat Ihre Daten bereits auf Diskette geschrieben, Sie können mit QUIT keine Daten verlieren (wie etwa in Multiplan). Ihre Datei steht Ihnen bei der nächsten Sitzung unverändert zur Verfügung.

Ruhen Sie sich gut aus für die nächsten Übungen.

5.3 Mehr dBASE–Befehle: Erweitern, Sortieren, Drucken

Weitere Datensätze eingeben

Wenn Sie Ihre Datei um neue Datensätze erweitern wollen, stehen Ihnen die dBASE–Befehle "APPEND" oder "INSERT" zur Verfügung:

APPEND hängt Ihre neuen Datensätze einfach an das Dateiende an, mit

INSERT können Sie an einer ganz bestimmten Stelle Daten in Ihre Datei einfügen.

Erweitern Sie nun Ihre erste Datenbank mit APPEND, damit dBASE beim späteren Sortieren auch ordentlich arbeiten muß!

```
. use b:telefon (return)
. append (return)
```

Mit diesem Befehl werden Ihnen die Nummer des nächsten freien Satzes und die zu beschreibenden Felder angezeigt. Die Eingabe und auch das Eingabemuster funktionieren wie beim CREATE–Befehl. Tragen Sie also neue Teilnehmer in Ihre Telefonliste ein.

Der APPEND – Befehl kann auch für die Eingabe in eine leere Datei verwendet werden, allerdings muß zuvor die Struktur dieser Datei festgelegt sein. Als Nummer des 1. freien Satzes wird die Satznummer 1 angezeigt.

Datensätze löschen

Wollen Sie eine Datei auf einem aktuellen Stand halten, müssen Sie nicht nur Datensätze neu aufnehmen, sondern auch nicht mehr benötigte Datensätze löschen können. dBASE bietet Ihnen diese Leistung mit dem DELETEBefehl in Verbindung mit den Befehlen RECALL und PACK an:

DELETE markiert einen oder mehrere Sätze zur Löschung; bis zur tatsächlichen Löschung bleiben die Sätze aber noch erhalten.

RECALL macht die Löschmarkierung wieder rückgängig.

PACK führt die Löschung aller markierten Datensätze aus.

```
. delete (return)
```

Dieser Befehl "löschmarkiert" den aktuellen Satz, dieser ist aber noch nicht aus der Datei verschwunden. (Probieren Sie das einmal aus, und sehen Sie sich hinterher Ihre Datei mit dem LIST-Befehl an). Dieses Markieren dient zur Sicherheit gegen vorschnelles Löschen von Datensätzen. Alle von Ihnen abgeschickten dBASE-Befehle wirken direkt in Ihrer Datei auf der Diskette.

```
. recall <bereich> return
```

Die möglichen Angaben für *<bereich>* sind:

all	alle markierten Sätze
record n	der markierte Satz mit der Satznummer <n>
next n	die nächsten n markierten Sätze ab dem aktuellen Satz

Wenn Sie aber wirklich löschen wollen, also die mit Stern markierten Sätze für immer aus Ihrer Datei verschwinden sollen, wenden Sie den PACK-Befehl an:

```
. pack (return)
```

Nach dem Löschen aller markierten Datensätze wird die Anzahl der noch vorhandenen Datensätze ausgegeben.

Wie stellen Sie den "aktuellen" Satz ein?

Wenn Sie einen bestimmten Datensatz Ihrer Datei bearbeiten wollen, muß dieser als "aktueller" Satz eingestellt sein. Ein "Zeiger" zeigt dann auf diesen Satz. Dieser "Zeiger" kann mit dem Befehl "GO" oder "GOTO" bewegt werden.

```
. go 5 (return)      oder
. goto 5 (return)    oder
. 5 (return)
```

Alle drei Befehle haben die Wirkung, den Satz mit der Satznummer 5 als aktuellen Satz zu markieren.

Ausgabe der Daten

dBASE kann Ihre Daten in einem bestimmten Schema auf dem Bildschirm oder dem Drucker ausgeben. Mit dem REPORT-Befehl können Sie sich ein solches Schema erstellen. dBASE speichert ein von Ihnen angelegtes Schema als "Bericht" ab, Sie können es immer wieder zur Ausgabe Ihrer Daten verwenden. Legen Sie nun mit uns ein erstes Schema an[1]:

---

1 in dBASE III müssen Sie Ihren Report mit . *create report* anlegen; Sie bekommen dann mehrere Menüs zum Ausfüllen angeboten.

. *report (return)*

dBASE fragt Sie nun nach dem Namen des "Berichts"; haben Sie bereits einen Bericht mit dem angegebenen Namen erstellt, wird sofort ausgegeben. Wenn nicht, müssen Sie nun festlegen, wie dieser Bericht aussehen soll. Weil dies in dBASE ein wenig schwierig ist, hier noch eine ganz genaue Gebrauchsanleitung: Das **Fette** wirft Ihnen Ihr Computer auf den Schirm, das *Kursive* müssen Sie selber eingeben.

Beispiel für unseren ersten Bericht:

```
1)    . use b:telefon (return)
2)    . report (return)

3)    ENTER REPORT FORM NAME: b:liste (return)

4)    ENTER OPTIONS,M=LEFT MARGIN,L=LINES/PAGE, W=PAGE WIDTH
5)    m=5,l=72 (return)

6)    PAGE HEADING? (Y/N) y (return)
7)    ENTER PAGE HEADING: Telefon-Liste (return)
8)    DOUBLE SPACE REPORT? (Y/N) n (return)
9)    ARE TOTALS REQUIRED? (Y/N) n (return)
10)   SUBTOTALS IN REPORT? (Y/N) n (return)

11)   COL      WIDTH,CONTENTS
12)   001      20,nachname (return)
13)   ENTER HEADING: Name (return)
14)   002       10,vorname (return)
15)   ENTER HEADING: Vorname (return)
16)   003      12,telefon (return)
17)   ENTER HEADING: Tel.-Nummer (return)
18)   004 (return)
```

Und hier die Erklärung zum obigen Beispiel:

1)   Die Datei "b:telefon" wird zur Bearbeitung eröffnet.

2)   Der dBASE-Befehl REPORT wird aufgerufen.

3)   Der Name Ihrer neuen Report-Datei wird erfragt

4), 5) Die Optionen M=linker Rand, L=Zeilen pro Seite, W=rechter Rand können eingestellt werden.

6)   Eine Seitenüberschrift kann eingegeben werden.

7)   In unserem Beispiel heißt diese "Telefon-Liste"

8)   Doppelter Zeilenabstand im Ausdruck? Nein!

9)   Endsummen (totals) bzw.

10)   Zwischensummen (subtotals) einzelner Spalten werden in unserem Beispiel nicht benötigt.

11)+12)+13) Für die erste Spalte (col 001) des Berichts wird die gewünschte Breite erfragt, und aus welchem Feld der Datenbank der Inhalt genommen werden soll. Längenanpassungen werden vorgenommen. Eine Spalten-überschrift kann eingetippt werden, oder die Aufforderung wird leer abgeschickt.

14)+15) Entsprechend kann eine 2. Spalte und

16)+17) eine 3. Spalte im Bericht definiert werden.

18)   Wird keine Spalte mehr im Ausdruck gewünscht, so wird die neue Aufforderung leer abgeschickt.

Wenn Sie alles so vereinbart haben wie wir, sehen Sie nun auf Ihrem Bildschirm folgendes Bild:

```
    Page No.1
    10/10/85

                    Telefon-Liste

    Name            Vorname             Tel.-Nummer

    Burkhardt       Angelika            07534-7482
    Dierenbach      Ralf                07531-74185
    Mehl            Wolfgang            07531-73100
    Schwanke        Stefan              07533-5659
    Stolz           Otto                07531-51316
```

Sicher wollen Sie nun die Ausgabe auf Ihren angeschlossenen Drucker steuern. Geben Sie dazu den Befehl:

```
. report form b:liste to print
```

Als Format-Datei geben Sie wieder die Datei "b:liste" an, die Sie mit dem REPORT-Befehl als Bericht erzeugt haben. Als Bereich der auszugebenden Sätze können entsprechende Angaben gemacht werden; entfällt diese Bereichsangabe, so werden alle Datensätze ausgegeben (wie in unserem Beispiel).

Nun muß Ihr Drucker endlich losrattern: Das eben auf dem Bildschirm gesichtete Bild entsteht vor Ihren Augen auf dem Drucker!

Bestimmte Daten aufsuchen

Mit dem Befehl LOCATE können Sie Ihre Datei (oder einen Bereich daraus) nach einem ganz bestimmten Inhalt durchsuchen lassen. Geben Sie keinen Bereich an (wie in unserem Beispiel), wird die ganze Datei durchsucht.

Wir wollen hier einmal alle Teilnehmer heraussuchen lassen, die die Vorwahl "07531" in ihrer Telefon–Nummer stehen haben:

```
. locate for telefon='07531'(return)
```

Wird das Suchkriterium von dBASE gefunden, so wird nur Satznummer dieses gefundenen Satzes ausgegeben. (Aber Sie wissen ja, daß Sie sich mit dem DISPLAY–Befehl den Satz anschauen können). Um dann den nächsten Satz mit dem Suchkriterium zu finden, setzen Sie einfach die Suche mit dem Befehl CONTINUE fort.

```
. continue (return)
```

Auch jetzt bekommen Sie wieder nur die Nummer des gefundenen Satzes auf Ihrem Bildschirm, und Sie müssen entsprechend verfahren. Diese Suche können Sie solange fortsetzen, bis dBASE meldet, daß das Ende der Datei erreicht ist. Es erscheint dann die Meldung:

END OF FILE ENCOUNTERED.

Suchen Sie nun einmal nach den verschiedensten Telefon–Nummern, Vor- und Nachnamen in Ihrer Datei! Suchen Sie auch einmal nur nach Teilen eines Namens oder einer Telefon–Nummer. Geben Sie nur ein Zeichen zur Suche an, findet dBASE alle Datensätze, die mit diesem Zeichen beginnen!

Sortieren und Indizieren

Die Datensätze Ihrer Datei sind in der Reihenfolge Ihrer Eingabe abgespeichert.
Diese Reihenfolge ist normalerweise unsortiert.

dBASE bietet nun (als eine der herausragenden Leistungen des Programms) die
Möglichkeit, die Datei so zu organisieren, daß die Sätze in einer geeigneten,
von Ihnen gewählten Reihenfolge zur Verfügung stehen. Sie können dies mit
Hilfe der Sortierung (SORT-Befehl), oder mit der Indizierung (INDEX-Befehl)
erreichen:

> **Sortierung**: Die Daten werden sortiert und Ihren Angaben ent-
> sprechend tatsächlich in der neuen Reihenfolge abgelegt,
> und zwar in einer weiteren dBASE-Datei. Die Sortierung
> kann bei einer großen Datei sehr lange dauern.

> **Indizierung**: Beim Indizieren werden **Index-Dateien** angelegt, in
> denen nur die Schlüssel zur Sortierung in sortierter Reihen-
> folge abgespeichert werden. Ein Zeiger positioniert von
> jedem Schlüssel der Index-Datei auf den entsprechenden
> Datensatz in der unsortierten Datei.

> Legen Sie mehrere Index-Dateien an, können Sie den
> gleichen Datenbestand nach mehreren Schlüsseln sortieren;
> mit der einfachen Sortierung geht das nicht.

Sortieren bringt Ihre Daten also einfach in eine neue Reihenfolge, mit der
Indizierung können Sie ganz ausgefuchste Dinge machen!

Nun, hier wollen wir nur die einfache Sortierung kennenlernen. Sortieren Sie
mit uns Ihre Telefonliste, und zwar nach den Vornamen und in aufsteigender
Reihenfolge. Die (neue) sortierte Datei soll "B:telesort" heißen.:

```
. sort on vorname to B:telesort (return)
```

Der "Schlüssel", nach dem sortiert wird, ist der Feldname "vorname". Die Sortierung muß in eine Zwischendatei "B:telesort" erfolgen, die von dBASE angelegt wird. Die Sortierung erfolgt aufsteigend, kann aber auf Wunsch absteigend "descending" erfolgen.

Kontrollieren Sie nun mit dem Befehl LIST den Erfolg Ihrer Sortierung! Sortieren Sie Ihre Datei nach anderen Kriterien! Vergessen Sie dabei nicht, dBASE mit dem Befehl *.use b:telesort* mitzuteilen, daß Sie nun die sortierte Datei bearbeiten wollen!

Noch einige Arbeitskraft–Verstärker

USE

use b:neuedatei (return): Wird nach einem USE–Befehl mit einem weiteren USE–Befehl eine neue Datei eröffnet, so wird die alte Datei abgeschlossen.

use (return): Wird der USE–Befehl ohne Angabe eines Dateinamens geschrieben, werden alle Dateien abgemeldet.

LIST

list for nachname = "Müller" (return): Alle Datensätze auflisten, deren Feld "Nachname" mit dem Inhalt "Müller" anfängt.

list structure (return): Mit diesem Befehl können Sie sich die Struktur Ihrer Datei ausgeben lassen.

list files b (return): Alle Dateien der Diskette im Laufwerk "B:", die in dBASE mit dem CREATE – Befehl erzeugt wurden, werden auf dem Bildschirm aufgelistet.

Dateistruktur ändern

Oftmals stellt sich in der Praxis heraus, daß die von Ihnen gewählte Datenstruktur geändert werden muß: Sie wollen zum Beispiel eines oder mehrere Felder ergänzen, oder die Längen- bzw. Typangaben eines Feldes ändern.

Mit dem Befehl MODIFY STRUCTURE haben Sie die Möglichkeit, die Struktur Ihrer Datei auch dann noch zu ändern, wenn Sie bereits Daten eingegeben haben. Dieser Befehl allein löscht jedoch alle Ihre mühsam eingegebenen Daten! Sie müssen daher Ihre Daten vorher in Sicherheit bringen und danach wieder holen. Verwenden Sie dazu die von uns erprobte Methode:

```
1) . use b:telefon

2) . copy to b:hilf structure

3) . use b:hilf

4) . modify structure

5) . append from b:telefon

6) . copy to b:telefon

7) . use b:telefon
```

1)   Die Datei "b:telefon" wird eröffnet.

2)+3)   Die Struktur wird in die Datei "b:hilf" kopiert, diese wird eröffnet.

4)   Zur Änderung der Dateistruktur werden alle Felder auf dem Bildschirm gezeigt und können überschrieben oder ergänzt werden.

5)   Die neue Struktur wird mit dem Inhalt der Datensätze aus der Datei "b:telefon" aufgefüllt, sofern die Felder noch vorhanden sind. Längenanpassungen werden vorgenommen.

6)+7)   Die neue Struktur mit den alten Daten wird in die Datei "b:telefon" zurückkopiert und zur Bearbeitung eröffnet.

5.4 Einige Anwendungen aus der Praxis

Alle bisherigen Beispiele haben sich mit Telefon- oder Adreßlisten befaßt. Damit Sie nun nicht etwa glauben, Ihr teurer Personal-Computer könne mit dBASE nur gerade soviel, wie Ihr Telefonbüchlein zu Hause, wollen wir nun zusammen mit Ihnen ein paar ernsthafte Anwendungen durchsprechen.

Das Handwerkszeug haben Sie ja bereits gelernt, wir werden uns hier daher nur auf die Strukturen stürzen.

Lediglich im dritten Beispiel lernen Sie etwas Neues kennen: Sie geben Ihr erstes kleines dBASE-Programm ein! Das soll Ihnen die vielfältigen Möglichkeiten von dBASE zeigen und Ihnen damit noch ein wenig Appetit zum Weiterlernen machen!

Die Gebrauchtwagendatei

Legen Sie Ihre Gebrauchtwagendatei mit folgenden Feldern an:

```
Feld         Typ    Länge

Eingang       c      7
Wagentyp      c     20
Modell        c     10
Baujahr       c      7
E-Preis       n      6
V-Preis       n      6
```

Sie sehen: in dBASE II gibt es noch keinen Feld-Typ für das Datum; wir haben stattdessen 7 Stellen genommen und schreiben für den Oktober 1985 einfach 1985/10 hin; dann können wir auch nach diesen "Daten" sortieren.

Sie wundern sich: Was sollen denn so geheime Dinge wie das Eingangsdatum des Wagens und der Einkaufspreis in einer Liste, die der Kunde einsehen kann?

Nun, das ist ja nur Ihre interne Datenbank! In dem Ausdruck für den Kunden können Sie die entsprechenden Felder ja weglassen. Legen Sie einfach mit "REPORT" eine Berichts-Form fest, die diese Felder gar nicht enthält!

Auf der anderen Seite können Sie sich aber jeden Monat hinsetzen und fragen: "Gib mir jeden Datensatz, bei dem das Eingangsdatum kleiner (älter) ist als 1984/02 und laß mich darin ändern!"

```
locate for Eingang < '1984/02' (return)

edit * (return)²

continue (return)

...
```

Und alle "Ladenhüter" ein paar Mark billiger machen, wenn es die Gewinnspanne (V-Preis minus E-Preis) überhaupt noch zuläßt! Sie dürfen einen gefundenen Datensatz mit DISPLAY anschauen, mit EDIT verändern, mit CONTINUE geht's dann weiter zum nächsten gefundenen Datensatz bis zum Ende der Datei.

Oder Sie geben Ihre Billig-Liste heraus mit:

```
report form liste for V-Preis < 3000
```

---

2 in dBASE III müssen Sie den Stern weglassen!

Eine erste Literatur–Datenbank

Eine richtige Literatur-Datenbank können Sie mit dBASE natürlich erst anlegen, wenn Sie unsere ersten einfachen Übungen aus dem EffEff beherrschen und sich im dBASE-Handbuch weitergebildet haben. Solch eine professionelle Anwendung geht nämlich über den Rahmen dieser Einführung (Entsinnen Sie sich: Schnupperlehre?) hinaus.

Aber trotzdem: eine erste kleine Literatur-Datei können wir mit den bisher erworbenen Kenntnissen auch schon aufstellen:

```
Feld            Typ    Länge

Autor           c      20
Titel           c      40
Verlag          c      20
Datum           c      6
ISBN-Nr         c      15
Stichwort_1     c      10
Stichwort_2     c      10
Stichwort_3     c      10
```

Sie sehen, Sie kriegen alles unter, was man für solch ein Verzeichnis braucht. Nachdem Sie Ihre Literaturangaben eingetragen haben, können Sie

- Ihre Einträge nach beliebigen Kriterien sortieren lassen

- einen Report zur Ausgabe eines Literaturverzeichnisses anlegen und Ihr Verzeichnis ausgeben

- Ihre Literatur-Datei nach ganz bestimmten Autoren, Titeln und nach einzelnen Stichpunkten durchsuchen (locate)

- alle Datensätze ausgeben lassen, die eine gewisse Bedingung erfüllen (zum Beispiel *list for stichwort_1 = 'Marienkäfer'*).

Wir programmieren in dBASE

Wollten Sie jeden der vielen dBASE-Befehle immer wieder über die Tastatur Ihres Rechners eingeben, würden Sie bald sagen: So ein Quatsch, möge er sich die doch bitte merken! Tut er auch, wenn Sie ihm nur sagen, wie und wo!

Die dBASE-Kommando-Datei

> dBASE-Kommandos, die in einer dBASE-Kommandodatei stehen, werden bei Aufruf der Datei in der Reihenfolge ausgeführt, in der sie in der Datei stehen. Eine Kommandodatei wird angelegt (und verändert) mit MODIFY COMMAND und ausgeführt mit dem Kommando DO.

Natürlich können das alle Kommandos sein, die Sie bisher kennengelernt haben; aber auch noch viele weitere, die den Ablauf der Kommandos beeinflussen – einige wenige davon werden Sie hier kennenlernen.

In unserem Beispiel wollen wir einmal ein "automatisches Telefonbuch" programmieren: Sie werden nach dem Vornamen des Teilnehmers gefragt, und dBASE sucht Ihnen alle Datensätze heraus, deren Vorname mit den Zeichen beginnen, die Sie eingegeben haben! Haben Sie genug gesucht, drücken Sie *(esc)*.

Legen wir also unsere erste **Kommandodatei** mit ddem Namen "b:suchen" an:

```
.modify command (return)

ENTER FILENAME: b:suchen (return)
```

Sie sehen, nun befinden Sie sich in einem neuen Editor und können Ihre Kommandos eintragen. Sie wissen ja bereits, welche Tasten Sie verwenden können, mit *(ctrl) (w)* gehts wieder heraus! Und hier das Programm:

```
use b:telefon
erase

do while 1=1
   @22,5 say "Gib Vornamen "
   accept to vn
   erase
   list for vorname = vn
enddo
```

-›   ERASE löscht den Inhalt des Bildschirms (in dBASE III: CLEAR)

-›   Die Anweisung DO WHILE 1=1 bis zu der Anweisung ENDDO bildet eine **Schleife** und heißt: "solange 1 gleich 1 ist (also immer) führe das aus, was in der Schleife steht!". Diese "Endlos–Schleife" brechen Sie mit der Taste *(esc)* ab, wenn Sie genug gesucht haben.

-›   SAY schreibt in Zeile 22, Spalte 5 einen Text auf Ihren Schirm (Vergessen Sie nicht den "Klammer–Affen" vor dem Kommando!)

-›   ACCEPT liest den von Ihnen getippten Vornamen und merkt sich ihn in "vn".Danach wird der Bildschirm wieder gelöscht, denn:

-›   LIST schreibt Ihnen jetzt alle Teilnehmer, deren Vorname mit dem Inhalt von "vn" beginnt, auf den Schirm

Jetzt aber schnell *(ctrl)(w)* getippt, und schon geht's ab:

```
. do suchen (return)
```

Sehen Sie, wie toll das funktioniert? Endlos lange können Sie suchen lassen, ob nur zum Spiel oder ob Sie gleich die Deutsche Bundespost mit einem modernen Auskunftssystem ausstatten wollen! Und so einfach ist es!

Text–Datei für WORD erzeugen

Haben Sie nun Ihre Literaturliste beisammen, wollen Sie sicherlich die tollen Möglichkeiten des Programms Word zur anspruchsvollen Formatierung nutzen. Kein Problem, mit folgendem dBASE-Befehl kriegen Sie eine eine sogenannte ASCII-Datei (hier mit dem Namen b:litlist), die das Programm Word einwandfrei lesen kann. Die Angabe **SDF** (symbolic data format) macht's möglich:

```
. copy to b:litlist.txt sdf (return)
```

Natürlich können Sie auch Ihre Adreßdatei für die Serienbrief-Funktion in Word benutzen; dazu müssen alle Feldinhalte durch Kommata getrennt werden:

```
. copy to b:adressen.txt sdf delimited with , (return)
```

Wie geht's weiter?

Sicherlich wollen Sie jetzt gleich ein Literatur-Datenbank-Recherche-System für alle Universitäten West-Europas erstellen. Wir wollen Sie auch gar nicht daran hindern, müssen Sie aber mit Ihrem dBASE-Handbuch alleine lassen, da wir Ihnen noch je ein Kapitel **Open Access** und **Turbo Pascal** versprochen haben.

5.5 Die wichtigsten dBASE-Befehle auf einen Blick

Einrichten einer Datei

```
create          Datei anlegen, Daten eingeben
append          Datensätze anfügen
insert          Datensätze einfügen
```

Öffnen und Schließen einer Datei

```
use <db>        Datei <db> zur Berabeitung öffnen
use             geöffnete Datei schließen
quit            Beenden der Berarbeitung
```

Anschauen der Struktur

```
list structure     Struktur auflisten
display structure  wie list structure
```

Anschauen von Datensätzen

```
list            alle Datensätze auflisten
list off        alle Datensätze ohne Satznummer auflisten
display         aktuellen Datensatz darstellen
display <ber>   eingestellten Bereich auflisten
```

Ändern von Datensätzen

```
edit            Änderungsmodus einschalten
replace         Ersetzungen vornehmen
change          Änderungen vornehmen
```

Löschen von Datensätzen

```
delete          aktueller Datensatz zum löschen markieren
pack            mit DELETE markierte Datensätze löschen
recall          Löschmarkierung aufheben
```

Positionieren eines Datensatzes

```
go record <n>     Datensatz <n> einstellen
<n>               wie oben
go top            ersten Datensatz einstellen
go bottom         letzen Datensatz einstellen
skip +<n>         <n> Sätze vorwärts positionieren
skip -<n>         <n> Sätze rückwärts positionieren
```

Suchen von Datensätzen bestimmten Inhalts

```
locate for <bed>  nach Bedingung <bed> suchen
continue          nächsten gefundenen Datensatz anzeigen
list for <bed>    alle Sätze mit Bedingung <bed> ausgeben
```

Kopieren von Dateien

```
copy to <dat>     kopieren von Daten und/oder -Strukturen
```

Indizieren einer Datenbank

```
index on <feld> to <dat>
                  Index-Datei <dat> anlegen,
                  Schlüssel <feld> abspeichern
use <db> index <dat> die Datenbank wird indiziert benutzt
```

Formatierte Ausgabe

```
report            Ausgabeformat festlegen und abspeichern
report form <dat> to print
                  Ausgabe auf den angeschlossenen Drucker
```

Beispiele zu Befehlsfolgen

Datenbank–Struktur ändern:

```
use <altdat>        bearbeiten von <altdat>
copy to <neudat> structure
                    kopieren der Struktur nach <neudat>
use <neudat>        bearbeiten von <neudat>
modify structure    verändern der Struktur
append from <altdat>
                    hinzufügen von Daten aus <altdat>
copy to <altdat>    zurückkopieren nach <altdat>
```

Umwandeln der Datenbank in eine ASCII–Datei:

```
use <dat>           bearbeiten von <dat>
copy to <a-dat> sdf    kopieren der Datenbank in die ASCII-
                    datei <a-dat>.txt. Diese Datei kann
                    mit WORD weiter bearbeitet werden.
```

Abkürzungen:

```
<ber>               Bereich: ALL, NEXT <n>, RECORD <n>
<n>                 Ziffer oder Zahl (Satznummer)
<db>, <dat>, <inddat>, <neudat>, <altdat>, <a-dat>
                    Datei-, bzw. Datenbankname,
<feld>              Feldname, in der Struktur definiert
```

Zusatzbezeichnungen für Dateinamen in dBASE

.DBF dBASE–File, enthält eine dBASE–Datenbank.

.NDX Index–File, wird bei der Indizierung angelegt.

.FRM Format–Datei, enthält eine mit ”report” angelegten Bericht

.PRG dBASE–Programm–Datei

.TXT Text–Datei

6 Integrierte Programme: OPEN ACCESS

6.1 Was sind Integrierte Programme?

6.2 OPEN ACCESS

6.3 Ein ausführliches Beispiel

6.4 Die Installation

6.1 Was sind Integrierte Programme?

Schön, denken Sie, jetzt haben wir ja fast alles gehabt: Betriebssystem, Textverarbeitung, Tabellenkalkulation, Datenverwaltung. Was noch fehlt, sind Grafik und Programmierung. Was also bringen die "Integrierten"?

Integrierte Programme sind Programmsysteme zur Lösung von Aufgaben aus mehreren Anwendungsbereichen. Sie sind für den Benutzer einheitlich zu bedienen und können die Daten des Benutzers einfach untereinander austauschen.

Entsinnen Sie sich? Um Daten von *Multiplan* oder *dBASE II* nach *Word* zu bekommen, mußten Sie einige Regeln strikt befolgen und dazu noch zwei verschiedene Steuerungskonzepte lernen! Das wird nun alles ganz anders: Integrierte Programme verwalten ihre Daten selbst und stellen sie (auf Kommando) allen Anwendungsbereichen "mundgerecht" zur Verfügung. Und Sie müssen nur noch **ein** Steuerungskonzept lernen!

Integrierte Programme bieten (bisher) meist den Nachteil, daß die Programmteile für die einzelnen Anwendungsbereiche nicht so viel leisten wie ein speziell für diesen Anwendungsbereich entwickeltes Programm. Außerdem lassen sich die "Singles" auch viel leichter erlernen; erst wenn Sie die einzelnen Anwendungen beherrschen, können Sie sich an große Systeme heranmachen und entscheiden, ob Sie deren Funktionsvielfalt auch benötigen oder lieber bei den (meist leistungsfähigeren) Einzelprogrammen bleiben.

Warum OPEN ACCESS?

OPEN ACCESS ist eines der ersten Integrierten Programme für Personal Computer. Mittlerweile gibt es auch hier schon wieder eine ganze Reihe Integrierter mit unterschiedlichen Leistungen, Steuerungskonzepten und Funktionsbereichen. Wir haben OPEN ACCESS ausgewählt, um Ihnen an einem bekannten Beispiel die guten graphischen Möglichkeiten dieses Programms zu zeigen.

6.2 OPEN ACCESS

Open Access bietet alle Leistungen in einem sehr schönen Steuerungskonzept an:

-> Alle Funktionen und Menüs werden in Fenstern auf dem Bildschirm dargestellt. Mehrere Fenster können wie Zettel auf einem Schreibtisch übereinander liegen, immer ist das oberste Fenster aktiv.

-> Die Steuerung ist zwar (leider) anders als bei *Word*, *Multiplan* und *dBASE*, jedoch in sich einheitlich.

Die Funktionsvielfalt eines solch großen Programms bringt natürlich auch einige schwer erlernbare Hürden mit sich:

-> Die Befehlsnamen zu den schier unzählbar vielen Möglichkeiten in den einzelnen Funktionsbereichen lassen nicht immer auf ihre Wirkung schließen.

-> Die Arbeit mit 6 Open Access Disketten läßt (zumindest am Anfang) jeden Disk-Jockey vor Neid erblassen.

Trotzdem: Haben Sie sich erst einmal Klarheit über die wichtigsten Tastendrücke und Funktionen verschafft, werden Sie auch bald belohnt: Datenbank anlegen, rasch mit Information vollstopfen, 'rüber in die Kalkulation, schnell noch ein paar Ergebnisse berechnen lassen, und dann ab in die Graphik: ein dreidimensionales Balkendiagramm erscheint auf Knopfdruck!

Welche Funktionen sind intgeriert?

OPEN ACCESS bietet alle sechs Spitzenreiter der "Integrierten" an:

Datenverwaltung Die Datenbank ist das Kernstück des Integrierten Systems: Daten, die hier systematisch angelegt worden sind, können in alle anderen Funktionsbereiche übertragen werden. Aber auch von außen können Daten in die zentrale Datenbank gelangen, wenn sie einer bestimmten Struktur unterliegen. Das kann also auch eine besonders strukturierte Textdatei sein.

Tabellenkalkulation Tabellen können aus der Datenverwaltung übernommen oder neu angelegt werden. Fertige Tabellen werden in die Funktion Grafik zum Zeichnen, in die Textverarbeitung als Text-Tabelle oder in die Datenverwaltung übergeben.

Grafik Aus den Funktionsbereichen Datenverwaltung und Tabellenkalkulation können (systematisch angelegte) Daten in die Grafik übernommen werden und dort als Kreis-, Balken- oder Liniendiagramm gezeichnet werden. Die meisten Integrierten Systeme bieten in der Funktion Grafik noch ganz besondere Leckerbissen an. Bei OPEN ACCESS sind das die dreidimensionalen Balkendiagramme.

Textverarbeitung mit Schwerpunkt auf: Briefe, Berichte, Serienbriefe, Rechnungs- und Mahnwesen. Adressen werden aus der Datenverwaltung, Tabellen aus dem Tabellenkalkulationsprogramm übernommen und in den Text eingefügt. Diagramme werden aus dem Bereich Grafik übernommen und (leiser mit Schere und Klebstoff) in den Text eingearbeitet.

Terminkalender Als Spielzeug am Rande wird diese Funktion mitgegeben, die zwar viel unpraktischer ist als der bekannte Termin-Faltkalender, mit der man jedoch gerne ein wenig herumspielt.

Taschenrechner Oft belächelt, doch ganz wichtig: Ein Taschen-rechner, den Sie jederzeit zum laufenden Programm ein- und ausschalten können, um kleinere Berechnungen schnell zwischendurch anstellen zu können.

Kommunikation Wenn schon Daten zwischen verschiedenen Pro-grammteilen ausgetauscht werden müssen, kann man auch gleich die große weite Welt mit einbeziehen: haben Sie ein Telefon-Modem oder einen anderen heißen Draht zu einer anderen Rechenanlage, können Sie mit der Funktion "Kommunikation" Daten aus der zentralen Datenbank weitergeben oder Daten in diese aufnehmen.

Sie sehen schon: die Haupt-Anwendungsgebiete sind auch hier wieder Datenbank, Tabellenkalkulation, Graphik, Textverarbeitung. Und hier in dieser Reihenfolge, entsprechend den Stärken und Schwächen des Programms.

6.3 Ein ausführliches Beispiel

In diesem Kapitel wollen wir Ihnen an einem großen Beispiel zeigen, wie OPEN ACCESS arbeitet und wie Sie dessen Leistungen ansprechen. Mit dem Grundwissen, das Sie für Word, Multiplan und dBASE gelernt haben, können Sie nach Lektüre dieses Kapitels auch eigene Beispiele durchziehen.

Wenn Sie im Besitz eines graphikfähigen Bildschirms sind (IBM Color Graphic Display oder Monochrom Display mit einer Hercules Graphics Card), müssen Sie das OPEN ACCESS zuerst mitteilen. Lesen Sie bitte im Kapitel "Die Installation", wie Sie Ihre Geräte mit OPEN ACCESS bekanntmachen.

> Nehmen Sie sich ein gewaltig Portiönchen Zeit für dieses Beispiel. Versuchen Sie nicht, nur Einzelteile "schnell mal" auszuprobieren! Sie werden nur dann ein Erfolgserlebnis haben, wenn Sie zumindest ein Beispiel vollständig durchgespielt haben. Besitzen Sie einen graphikfähigen Bildschirm, müssen Sie ihn jetzt konfigurieren (siehe Kapitel 6.4).

Die OPEN ACCESS Disketten

Wenn Sie einen Personal Computer mit Festplatte besitzen, erspart Ihnen das viel Disketten-Wechslerei. Lesen Sie bitte im OPEN ACCESS Handbuch nach, wie Sie das Programm auf Ihre Festplatte bringen und legen danach mit uns los.

Wenn Sie im Besitz eines Zwei-Floppy-Geräts sind, lernen Sie bitte jetzt Ihre Disketten kennen:

1. **Start-Diskette**: Hier liegt der Programm-Kern und der kopiergeschützte Schlüssel, den OPEN ACCESS bei jedem Neustart lesen will (also auch dann, wenn Sie das Programm auf Ihrer Festplatte installiert haben).

2   **Textverarbeitung, Terminplanung, Kommunikation**: Diese Diskette benötigen Sie immer dann, wenn Sie einen der angegebenen Funktionsbereiche in Anspruch nehmen wollen.

3   **Datenbank, Kalkulation, Graphik**: Das ist die "Haupt-Diskette" für OPEN ACCESS, da Sie diese Funktionen wohl am häufigsten benötigen werden.

4,5   **Beispiele, Drucker-Treiber, Demo-Beispiel**: Diese beiden Disketten enthalten überwiegend Beispiele für OPEN ACCESS. Sie können sie vorerst zur Seite legen.

6   **Graphik Treiber**: Auf dieser Diskette befinden sich Treiber für die verschiedenen Graphik-Karten zum Betrieb des PC-Bildschirms. Sie brauchen diese Diskette nur einmal zur Installation (siehe Kapitel "Die Installation").

7 ..   **Daten-Disketten**: Natürlich brauchen Sie für Ihre Daten eigene Disketten, die vor dem Start von OPEN ACCESS bereits formatiert (ohne System) sein müssen. Legen Sie Ihre Daten niemals auf OA-Disketten, da diese meist schon (fast) vollständig mit Programmen gefüllt sind!

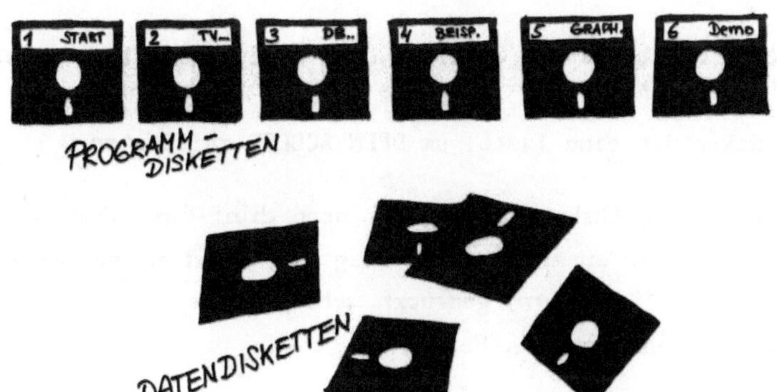

OPEN ACCESS starten

Damit Sie nur OPEN ACCESS neu kennenlernen und nicht auch noch ein neues Beispiel verstehen müssen, nehmen wir hier noch einmal die Tabelle Ihrer Ausgaben aus dem Multiplan-Beispiel. Wir legen diese Tabelle im Funktionsbereich **Datenbank** an und scheuchen sie dann durch die **Tabellenkalkulation** bis zur **Graphik**. Damit haben Sie auch gleich die wichtigsten OPEN ACCESS Anwendungsbereiche kennengelernt.

-> Schalten Sie Ihren Personal Computer ein, laden Sie das Betriebssystem von Ihrer DOS-Diskette.

-> Legen Sie bitte die Diskette 1 in das Laufwerk "A:" und Ihre neue, formatierte Leerdiskette in das Laufwerk "B:" ein. Starten Sie nun OPEN ACCESS mit dem Befehl

```
A>OA (return)
```

OPEN ACCESS will nun seinen eigenen kopiergeschützten Schlüssel lesen, ohne den das Programm nicht arbeitet; Sie lesen auf Ihrem Schirm:

```
Legen Sie bitte die Original OPEN ACCESS Diskette Nummer 1
in Laufwerk A: ein.

Drücken Sie eine Taste, um OPEN ACCESS zu starten
```

Kein Problem, die Diskette 1 steckt ja noch drin! Eine Taste gedrückt, fängt OPEN ACCESS an zu arbeiten und fragt Sie zuerst einmal nach Datum und Uhrzeit. Haben Sie *(return)* gedrückt, sehen Sie den OPEN ACCESS Start-Bildschirm mit dem **Optionen**-Fenster.

Dieses Optionen-Fenster werden Sie noch sehr häufig sehen, nämlich immer dann, wenn Sie einen Funktionsbereich von OPEN ACCESS verlassen wollen.

```
┌────────────────────────────────────────────────┬─────────────────┐
│                                                 │  OPTIONEN       │
│                                                 │                 │
│                                                 │ Datenbank       │
│                                                 │ Kalkulation     │
│               OPEN ACCESS    1.01               │ Textverarbeitung│
│      (C) 1984 Software Products International Inc│ Graphik         │
│                                                 │ Terminplanung   │
│              Heutiges Datum:   1. 1.80          │ Kommunikation   │
│                                                 │ Dienstprogramme │
│                                                 │ Betriebssystem  │
│                                                 │                 │
│                                                 │                 │
│                                                 │                 │
│                                                 │                 │
│                                                 │  <Pfeile> <do>  │
│                                                 │  <suchen> <undo>│
└────────────────────────────────────────────────┴─────────────────┘
```

Nun, wir wollten ja die Ausgaben-Tabelle mit der Funktion **Datenbank** anlegen.
Dazu müssen Sie wissen, wie Sie in OPEN ACCESS Menüs auswählen können:

---

im Menü auswählen

(Pfeiltaste) wählt die nächste Funktion an

(F10)   heißt **DO** und führt angewählte Funktion aus

(Anfangsbuchstabe)   wählt eine Funktion an und führt sie aus

---

->   Wählen Sie die Funktion **Datenbank** aus, indem Sie den
grünen Balken auf Datenbank stehen lassen und *(F10)*, die
DO-Taste, drücken.

OPEN ACCESS fordert Sie nun auf, die Diskette "Datenbank" (das ist die
Nummer 3) einzulegen und nochmals **DO** zu drücken. Tun Sie's!

```
                    DATENBANK  Hauptmenü I
                    - keine aktive Datei -
      Liste  Darstellen  Eingabe  Aktualisieren  Sortieren  Index
      Anfügen  Drucken  Formbrief  Löschen  Neu  Form-Abfrage
             <do>  <undo>   anderes Menü:   <ändern>
```

Sie sehen nun das "OPEN ACCESS Datenbank Hauptmenü I" auf Ihrem
Bildschirm und wissen gar nicht, welche Funktion Sie brauchen, um eine neue
Datenbank anzulegen. Können Sie auch gar nicht, denn Sie müssen zuerst in
das "Datenbank Hauptmenü II" hineinschauen, und das bekommen Sie mit der
Taste "Ändern", das ist die Funktionstaste *(F6)*!

```
                    DATENBANK  Hauptmenü II
                    - keine aktive Datei -
      Erweitern  Design  Anlegen  ändern  Druckformat   Import
         Export  Datei-Manager  Optionen  Kontext
             <do>  <undo>   anderes Menü:   <ändern>
```

> Wie in jedem OPEN ACCESS Menü lesen Sie den **Namen**
> des Menüs, alle **Funktionen** zu dem Menü, und, in der
> untersten Zeile, welche **Tasten** Sie drücken dürfen.

-> Wählen Sie nun mit uns die Funktion **ANLEGEN** zum
Anlegen einer neuen Datenbank aus. Drücken Sie die DO-
Taste *(F10)*.

-> Geben Sie den **Dateinamen** an, unter dem Ihre Datenbank
abgelegt werden soll: *B:Haushalt (F10)*

Sie sehen, OPEN ACCESS fügt die Zusatzbezeichnung .DB3 an Ihren Dateinamen an und wirft Ihnen das **Dateianlage und Bildschirmmaske-Menü** auf Ihren Schirm. Wo geht's denn nun weiter, denken Sie, jetzt wird's aber höchste Zeit, daß wir uns mit der OPEN ACCESS-Hilfe und den OPEN ACCESS Tasten beschäftigen!

Die OPEN ACCESS Tastatur

Die **Funktionstasten** *(F1)* bis *(F10)* sind mit je nach Arbeitsbereich des Programms wechselnden Funktionen belegt. Ausnahme:

(F1) heißt **Hilfe**,

(F1) (F1) zeigt die **Belegung der Tastatur** und die Bedeutung für die Funktionsbereiche in OPEN ACCESS an,

(F10) heißt immer **DO** oder "ausführen",

(esc) heißt für Befehle **UNDO** oder "zurücknehmen".

Also holen wir uns doch einmal Hilfe, um zu sehen, was wir innerhalb dieses neuen Menüs eigentlich machen können! Drücken Sie *(F1)*!

```
            Dateianlage und Bildschirm-Maske
Ende        Design speichern. Bei Anlegen und Ändern geben Sie
            an, wieviele Datensätze Sie anlegen möchten.
            Eingabe     Ändern der Bildschirmseiten der Maskendatei.
            WOBEI-Zeile Suchkriterien für Dateiverknüpfungen definieren.
            Neu         Maske löschen, Standardmaske kann verwendet werd
            Größe       Größe der Datenbankdatei anzeigen lassen.


        <ab>  <auf>  <undo>      <Info> für Tastaturbelegung
```

Da lesen Sie, was Sie in diesem Menü alles machen können. Entschließen Sie sich mit uns für **Eingabe**, damit legen wir eine Eingabemaske zum Füllen unserer Datenbank fest. Bei diesem Eingeben legen wir dann auch die **Struktur unserer Datenbank** fest.

-> Schalten Sie mit *(esc)* aus der Hilfe zurück.

-> Geben Sie **Eingabe** *(F10)*.

Der Cursor steht in der linken oberen Ecke des Bildschirms, und Sie sollen nun die Eingabemaske und Datenstruktur zu Ihrer Haushalts-Datenbank festlegen. Aber wie? Also wieder Hilfe mit *(F1)*

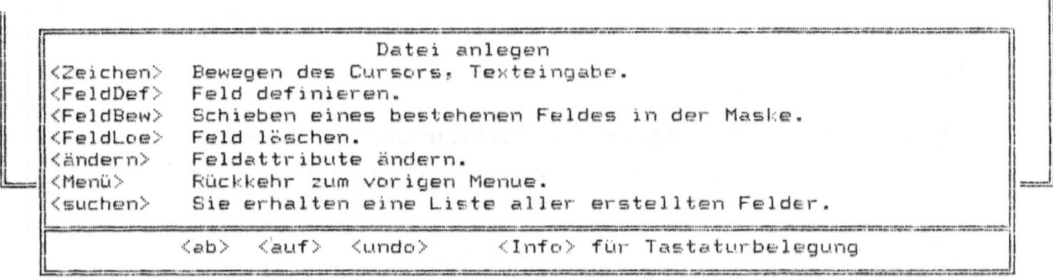

Nun tauchen zum ersten Mal Begriffe auf, die Sie noch nicht gesehen haben: ‹FeldDef›, ‹FeldLoe›, ‹Menü›, ‹suchen›. Das müssen wohl Tasten sein, also her mit der Tastaturbelegung: nochmals *(F1)*

Blättern Sie ruhig einmal mit *(PgDn)* und *(PgUp)* in dieser langen Liste! Sie sehen, daß Sie die komplette Tastaturbelegung für OPEN ACCESS erhalten. Das ist zwar sehr praktisch und geht recht schnell, damit Sie sich jederzeit über die aktuelle Belegung erkundigen können, aber zum besseren Überblick haben wir Ihnen hier einmal diese sechs Listen zusammengestellt.

Die Tastaturbelegungs–Menüs

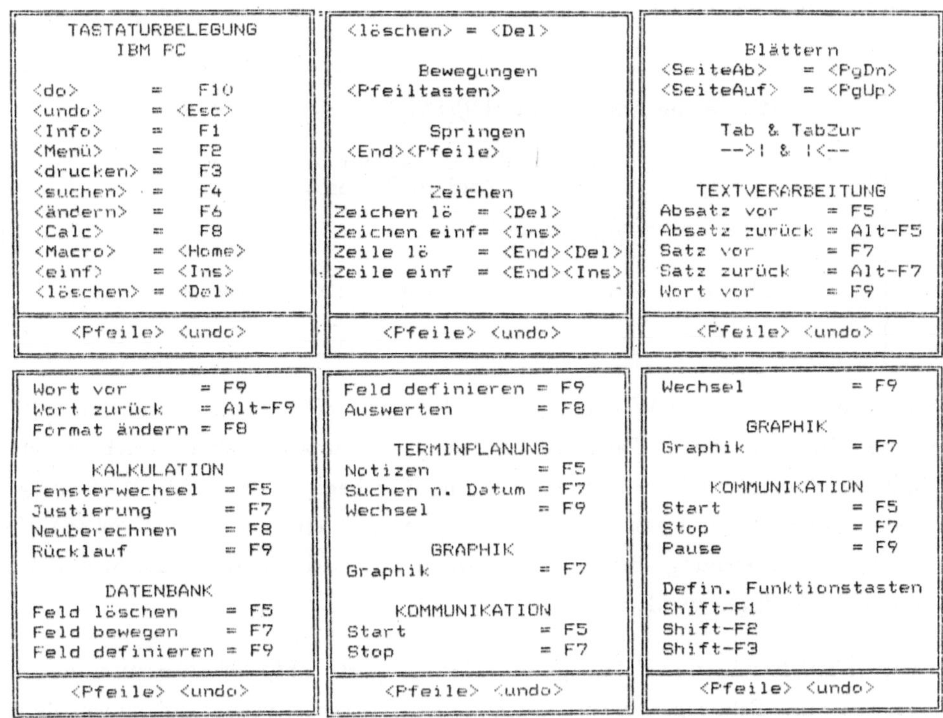

Alle anderen Tasten (Pfeiltasten, Rück–Taste, Tabulator, ...) arbeiten so, wie Sie es bisher gewohnt sind.

weiter im Dateianlage– und Bildschirmmaske–Menü

Nachdem Sie jetzt das Wichtigste über Ihre OPEN ACCESS Tastatur kennengelernt haben, wollen wir aber den Faden nicht verlieren und im Menü **Dateianlage und Bildschirmmaske** weitermachen.

Aha, bei der Festlegung der **Struktur unserer Datenbank** können wir auch gleich eine **Eingabemaske** festlegen, damit der spätere Daten–Erfasser auch einen optisch gut aufgeteilten Bildschirm erhält (Entsinnen Sie sich an dBASE? Dieses Programm stellte immer eine eigene Maske zur Verfügung, in die Sie Ihre Daten eintippen durften).

Nun aber los: Stellen Sie die Schreibmarke an eine beliebige Stelle auf Ihrem Bildschirm und tippen los:

Wochentag (F9)(F9)(F9)(F9)(F9)(F9)(F9)(F9)(F9)(F9)

(heißt ‹FeldDef›, zehnmal gedrückt macht das Feld 10 Stellen groß)

(F10) (heißt DO)

(F6) (heißt ‹ändern›, hier: Struktur festlegen)

Nachdem Sie das Feld "Wochentag" mit der Taste *(F9)* definiert und durch 10-maliges Drücken dieser Taste 10 Stellen groß gemacht haben, erscheint ein Unterstreichungszeichen auf Ihrem Schirm: hier beginnt das Feld "Wochentag" (schöner sieht's aus, wenn Sie nach "Wochentag" ein Leerzeichen geben). In diesem Unterstreichungs-Strich stehen die Feld-Attribute drin, die wir gleich zusammen festlegen werden.

Taste *(F10)* bestätigt die Anlage des Feldes, Taste *(F6)* läßt Sie nun genaue Angaben zum Feld machen; dazu bekommen Sie schon wieder ein neues Menü auf Ihren Schirm:

```
Name         :   MONTAG
Art          :   Primär  Sekundär  kein_Schlüssel
Typ          :   Text  Datum  Integer  Ja/Nein  Dezimal
Justierung   :   Links  Mitte  Rechts  Wiederholend
Auswertung   :   Normal  Autodatum  Form  Überspringen
                 Formel  Zähler  Bereich
Video-Modus  :   Normal  Modus-1  Modus-2  Modus-3
Eingabezwang :   Ja  Nein
Zch./Darst.  :   10
Duplizieren  :   Ja  Nein
Entsprechung :   Ja  Nein

              <do> <undo> <auf> <ab>

     Dateianlage und Bildschirm-Maske
Ende  Eingabe  WOBEI-Zeile  Neu  Größe
```

Name hier steht der von ihnen gewählte Name des Feldes

Art hier können Sie für die spätere Abfrage oder Sortierung verschiedene "Schlüsselarten" vergeben. Wir ignorieren das für unser erstes Beispiel und geben immer "Kein_Schlüssel" an. Leider muß jedoch ein Feld pro Datenbank einen Schlüssel haben, da nehmen wir doch das Feld "Wochentag" und sagen "Sekundär".

Typ Das kennen wir schon aus dBASE: sollen Texte, Datums-Angaben, ganze Zahlen, logische Werte oder krumme Zahlen in diesem Feld stehen dürfen? Für unser Feld "Wochentag" benötigen wir natürlich den Typ "Text"!

Justierung, Auswertung, Video-Modus, Eingabezwang, Duplizieren, Entsprechung und **Zch./Darst.**lassen wir für unser erstes Beispiel unverändert

---

(F10) (schließt die Feld–Definition ab)

Atmen Sie auf! Damit ist also das erste Datenfeld Ihrer Datenbank angelegt und die Attribute sind vereinbart!

weitere Datenfelder anlegen

Gehen Sie nun wie folgt vor: Positionieren Sie den Cursor an eine beliebige andere Stelle auf Ihrem Schirm und legen Sie die weiteren Datenfelder nach folgendem Schema fest (bitte nehmen Sie als erstes Feld auch "Summe", damit sieht Ihre spätere Graphik schöner aus!):

Summe (F9)(F9)(F9)(F9)(F9)(F9)(F9)(F9)(F9)(F9) *(F10)* *(F6)*

Legen Sie nun Daten-Felder mit den Namen "Summe", "Disco", "Auto", "Essen" und "Bücher". Drücken Sie (mit (F9)) jedes dieser Felder 8 Stellen lang! Vereinbaren Sie die Attribute wie folgt:

Name   (steht schon da)

Art   *kein_Schlüssel*

Typ   *Dezimal* (Für DM-Beträge)

Justierung *Links*

Damit sind alle Felder samt Attributen vereinbart, gleichzeitig ist eine Bildschirmmaske für die Eingabe der Daten erstellt worden. Nun geht's an die Eingabe der Daten. doch dazu müssen Sie zuerst den Rückweg ind Datenbank-Hauptmenü finden, was nicht immer ganz einfach ist:

(F2)   (heißt ‹Menü› und führt zurück ins Menü)

Ende   (schließt die Feld-Definition ab)

Anzahl der Datensätze: 25

(F10)   (bestätigt, daß 25 Datensätze ausreichen,)

Datei wird angelegt ...

(F6)   (heißt ‹ändern›, führt ins DB-Hauptmenü I)

Daten eingeben

Geben Sie nun Daten ein! Wählen Sie dazu den Befehl:

Eingabe (F10)

OPEN ACCESS fragt Sie nun mit **VON**, in welche Datei Sie Eingaben machen wollen. Sicher haben Sie vergessen, daß Ihre Datei **b:haushalt** heißt und wollen OPEN ACCESS nach dem Disketten-Inhaltsverzeichnis fragen. Das geht so:

VON

     (F4)   (heißt ‹suchen›, hier: Datei suchen)

DATEIEN

     (F10)   (bestätigen, Datei suchen)

Nun sehen Sie folgendes Laufwerks-Inhaltsverzeichnis auf Ihrem Schirm:

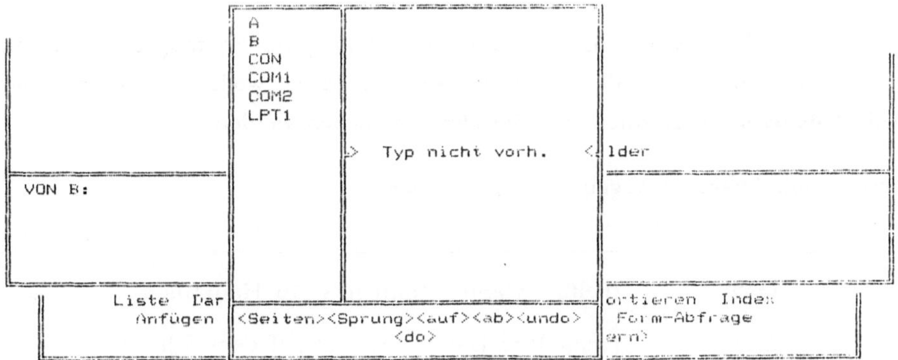

Na klar, auf dem Laufwerk "A:" ist keine Datei vom Typ "Datenbank" vorhanden! Schalten Sie daher auf Laufwerk "B:" zur weiteren Suche um:

  (PgDn)   (schaltet auf nächstes Laufwerk um)

  (Pfeiltasten)   (suchen Sie eine der angezeigten Dateien aus)

  (F10)(F10)   (bestätigt die Auswahl)

Name der Maske: HAUSHALT.SMK

  (F10)   (bestätigt die Maske)

Sie sehen, OPEN ACCESS bietet Ihnen allerkomfortabelste Auskunft über alle Dateien auf allen Ihren Disketten! Knöpfchen gedrückt, Datei ausgewählt, bestätigt, und schon geht's weiter!

Fahren Sie nun nach Herzenslust auf Ihrem Bildschirm umher und geben Sie Daten und Werte ein! Mit den Tasten *(return)*, *(tab)* und den *(Pfeiltasten)* können Sie die Schreibmarke von Feld zu Feld springen lassen.

Immer wenn Sie ein "Datenblatt" (=Datensatz) vollständig beschrieben haben, drücken Sie *(F10)*; damit wird dieser Datensatz in die Datenbank geschrieben und Sie erhalten ein neues, leeres "Datenblatt".

Füllen Sie nun Datensätze für alle Tage von Montag bis Sonntag aus; nur im Datensatz **Summe** lassen Sie die Ausgaben leer: diese wollen Sie ja mit der **Tabellenkalkulation** berechnen, die Sie gleich besuchen werden.

Haben Sie alle Daten eingegeben, geht's so weiter:

  (F2)   (heißt ‹Menü›, führt in's DB Hauptmenü I)

  Liste   (zeigt Ihre Daten nochmal auf dem Schirm)

Was ist denn das? Die Datensätze sind ja nun aufsteigend nach den Wochentagen sortiert? Das kommt wohl von der Anlage des Schlüsselfeldes! Richtig, für Ihre zukünftigen Datenbanken in OPEN ACCESS müssen Sie sich also auch noch Gedanken über eine sinnvolle Anlage der Schlüsselfelder machen! Doch nun weiter:

<table>
<tr><td>(F2)</td><td>(führt wieder in's DB Hauptmenü I)</td></tr>
<tr><td>(F6)</td><td>(heißt <ändern>, führt in's DB Hauptenü II
von dort aus geht's gleich weiter!)</td></tr>
</table>

Pause

Toll! Die Haushalts-Datenbank ist angelegt, die Daten sind drin! Gönnen Sie sich eine Pause, bevor Sie in die Tabellenkalkulation einsteigen.

Lassen Sie Ihren Rechner und OPEN ACCESS solange unberührt, dann können Sie später an der gleichen Stelle fortfahren.

Die Tabellenkalkulation

Die nächste Station auf unserer Reise durch OPEN ACCESS ist die Tabellenkalkulation. Natürlich wollen wir alle bisher angelegten Daten und Strukturen auch dorthin mitnehmen, denn darin liegt ja gerade einer der großen Vorteile der "Integrierten"!

Kontext

Die Funktion Kontext verläßt den gerade aktuellen Funktionsbereich, um in einen anderen Funktionsbereich zu verzweigen. Die zuletzt bearbeiteten Daten werden dabei "mitgenommen".

```
                    Kontext (F10)
```

Nun sehen Sie wieder das altbekannte **Optionen-Fenster** auf Ihrem Bildschirm: es zeigt alle Optionen an, in die Sie (mit Ihren Daten) verzweigen können! Wählen Sie doch einfach **Kalkulation!**

```
Name des Zielmodells (wenn gewünscht): b:haushalt (F10)

... Datensätze -->

Paßwort für neues Modell (<ret> für kein Paßwort): (return)

Kontext über Zeilen Spalten: (F10)

Laden in Koordinaten (oben links): A1 (F10)

... in Arbeit ... bitte warten ...
```

Schwupps – die Tabelle ist da!

Sehen Sie, so einfach ist der Datentransport in OPEN ACCESS!

Nun noch einige Hinweise zum voranstehenden Kasten:

-> Geben Sie immer den Namen eines Zielmodells auf der "B:"-Diskette an! Geben Sie keinen Namen an, stürzt OPEN ACCESS bei dem Versuch, eine Zwischendatei auf der "A:"-Diskette anzulegen, mit einer Fehlermeldung ab.

-> Geben Sie kein Paßwort an.

-> Bestellen Sie Kontext über Zeilen

-> Laden Sie Ihre Tabelle in die linke obere Ecke des Arbeitsblattes (die heißt in OPEN ACCESS **A1**, wie heißen wohl die anderen Koordinaten?)

Das Kommando–Menü Kalkulation

Und so sieht nun Ihr Kommando-Menü Kalkulation aus:

```
                    Kommando-Menü Kalkulation
 Auto    Blank    Kopieren   Löschen    Text     Format    Optimierung   Info
 Einfügen  Zeichenfolge   Name  Sortieren   Drucken   Verlassen   Rechnen
 Parameter   Übertragen   Gleichsetzen    Modellfenster    Externes_Modell
                    <Pfeile>    <do>    <undo>
```

Ganz anders als *Multiplan* kennt OPEN ACCESS nun doch wieder einen **Tabellen–Modus** und einen **Befehlsmodus**.

Ihre Aufgabe besteht nun darin,

-> die Schreibmarke auf das erste **Summe**-Feld zu stellen,

-> eine **Formel** zur Summenbildung einzugeben,

-> die Formel in alle anderen Summenfelder zu kopieren,

-> die Kalkulation verlassen und die Daten mit in die **Graphik** zu nehmen.

Gehen Sie wieder mit uns vor:

(esc)   (rein in die Tabelle)

(Pfeiltasten)   (Schreibmarke auf's erste Summenfeld)

+(Pfeilt)+(Pfeilt)+(Pfeilt)+(Pfeilt) (Formel eingeben)

+C2+D2+E2+F2   (so sieht diese Formel dann aus!)

(F10)   (bestätigt die Formel)

So, die erste Formel ist fertig. Wenn Sie tatsächlich nicht mehr wissen, wie's geht, schauen Sie nochmal in das Multiplan-Kapitel; dort werden Formeln genauso geschrieben. Nach dem Drücken der *(F10)*-Taste wird der Wert berechnet und in die Tabelle geschrieben.

Formel kopieren

Doch nun weiter: Die Formel soll in die anderen Summenfelder kopiert werden. Dazu brauchen wir den Befehl "Kopieren":

(F2)   (schaltet in den Befehls-Modus)

Kopieren

von Bereich B2

(F10)   (bestätigt, daß von hier aus kopiert wird)

nach Basiskoordinate

(Pfeilt) : (Pfeilt) (F10)

Zeigen Sie also mit den Pfeiltasten auf das erste Feld, in das kopiert werden soll, geben Sie den **Bereichs–Operator** ":" ein, dann zeigen Sie auf das letzte Feld, in das kopiert werden soll, mit *(F10)* bestätigen Sie das Ziel der Kopie.

Aber auch das kennen Sie ja bereits aus Multiplan! Doch nun weiter:

<pre>
Kopieren Werte Alles?

        Alles (F10)

Kopieren Formel: relativ absolut interaktiv

        relativ (F10)
</pre>

Damit wird die Formel kopiert, die neuen Werte gleich ausgerechnet und hingeschrieben. Und damit sind Sie auch fertig in der Tabellenkalkulation. Weiter geht's zur Graphik mit der Tabelle:

<pre>
        Verlassen (F10)

        Kontext (F10)

Kontext der Daten über Zeilen Spalten

        (F10)

Kontext aus welchem Bereich?

        (F8)   (heißt Alles)
</pre>

Ganz wichtig ist im obigen Kasten, daß Sie unbedingt **alle** Daten mitnehmen, sonst kann die Funktion Graphik Ihnen kein vernünftiges Bild erstellen. Das sollten Sie unbedingt mit der Taste *(F8)* tun!

Nun erscheint wieder das altbekannte Optionen-Fenster auf Ihrem Bildschirm, und Sie können sich die Graphik heraussuchen.

Die Graphik – das Schmuckstück von OPEN ACCESS

Haben Sie noch einen Moment Geduld: OPEN ACCESS wandelt nun Ihre Tabelle so um, daß das Programm sie graphisch darstellen kann. Wenn die Wandlung fertig ist, sehen Sie folgendes Bild auf Ihrem Schirm:

```
Graphikname B:HH.CHT
Graphiktyp     überlagernd   Fenster    Drei-D    Einfach
Anzahl Ebenen      <1..30>  7
Anzahl Positionen <1..30>  5
Nummer aktueller Ebene   2
Name aktueller Ebene  Donnerst
Typ aktueller Ebene     Balken    Linie    Kreis
                 Graphiktitel              Vordergrund   Hintergrund
Oben                                           1             0
Seite                                          1             0
Unten                                          1             0
Graphik-Maximum                          Datenmaximum   18,0000
Graphik-Minimum                          Datenminimum    1,0000
Achsenteilung <1..10>        10


                        GRAPHIK - Hauptmenü
      Laden Speichern Ebene Imp/Daten Ansicht Druck/Dia Graphik Optionen
              <do> <undo> <Pfeile> <ändern> <Info> <Calc>
```

Ihre Schreibmarke steht jetzt auf **Graphiktyp** "Einfach". Stellen Sie ihn auf den viel schöneren Diagrammtyp "Drei-D" und drücken Sie die Graphik-Taste:

(Pfeil-zurück)   (F7)

Nun muß – bei richtig installiertem Programm – folgendes Bild auf Ihrem Schirm entstehen:

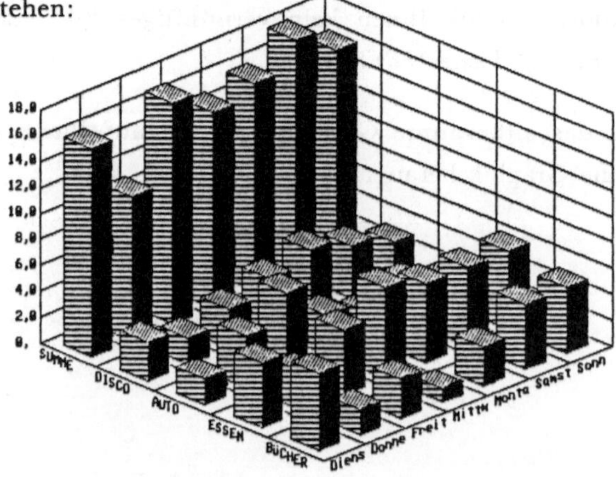

Na, hat es sich gelohnt?

Spätestens jetzt sind Sie begeistert! Das schüne Diagramm ist der vielen Mühe wert! Spielen Sie doch ein wenig herum: mit *(F10)* kommen Sie wieder in das Graphik–Gestaltungs–Menü, ändern Sie den **Graphiktyp** in "Überlagernd" und drücken wieder die **Graphik–Taste** *(F7)*. Und das kommt dabei heraus:

Ausdrucken der Graphiken

Sicherlich wollen Sie Ihre Graphiken auch zu Papier bringen, um sie in Berichte einzukleben oder ganz einfach über's Bett zu hängen (schön genug sind sie ja, die Dreidimensionalen von OPEN ACCESS).

Dazu müssen Sie in das **Graphik Hauptmenü** verzweigen, die Option **Druck/Dia** wählen, den richtigen Drucker auswählen, und dann drucken.

Zu diesem Vorgang brauchen Sie ausnahmsweise einmal die **OPEN ACCESS Diskette 4**, auf der die **Graphik Druckertreiber** abgelegt sind. Wollen Sie öfter Graphik zu Papier bringen, kopieren Sie (in DOS) die Datei PRTINFOD.SPI einfach von der Diskette 4 auf Ihre entsprechende(n) Daten–Diskette(n).

So, nun aber los: Legen Sie **jetzt** die Diskette 4 in das Laufwerk "B:" ein.

(F2) (Graphik–Hauptmenü)

Druck (F10)

Ausgabe (F4) (gibt Ihnen die Liste der Drucker aus)

(Pfeiltasten) (wählen Sie Ihren Drucker aus)

(F10) (bestätigt die Auswahl)

Druckausgabe der Graphik (F10)

Nun wird noch einmal das Bild auf Ihrem Schirm aufgebaut, und danach fängt Ihr Drucker an zu rattern: langsam aber stetig entsteht vor Ihren Augen Ihr erstes gedrucktes OPEN ACCESS Bild. Untenstehend sehen Sie zur Abwechslung einmal ein **Kreisdiagramm** (Eierdiagramm), das Sie mühelos im Graphik–Gestaltungs–Menü bestellen können.

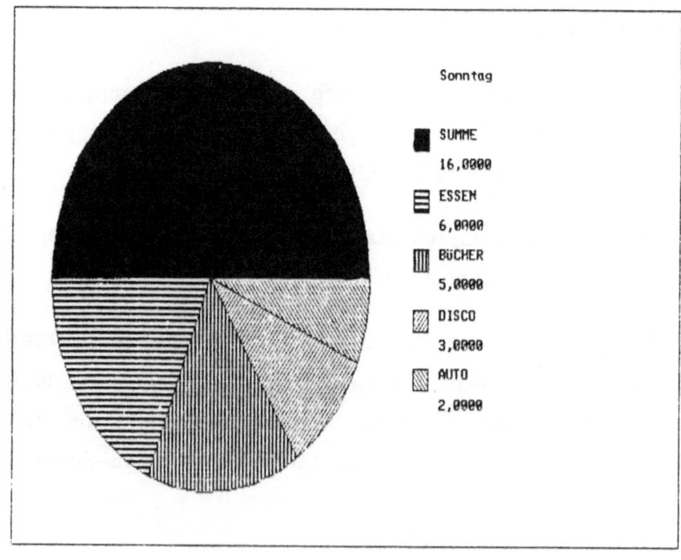

Wie geht's weiter?

Sie haben sicherlich viel Geduld aufbringen müssen, um mit uns diesen kleinen Streifzug durch OPEN ACCESS zu machen. Daran können Sie ersehen, wie umfangreich das ganze Programm ist und wie viel Papier man benötigt, um einen ordentlichen und vollständigen OPEN ACCESS-Kurs zu gestalten.

So kann und will dieses Kapitel Ihnen auch nur einen ersten Eindruck und ein paar grundsätzliche Dinge vermitteln. Wollen Sie OPEN ACCESS weiter kennenlernen, können Sie mit dem bisher Gelernten und dem OPEN ACCESS Bediener-Handbuch selbst weiter forschen, oder aber Sie besorgen sich ein ausführliches Lehrbuch.

Was Ihnen aber in keinem Fall erspart bleibt, ist, die große Funktions-Vielfalt des Programms zu begreifen – es sei denn, Sie entscheiden sich nach diesem Ausflug für die einzelnen Programme Word, Multiplan und dBASE und benutzen OPEN ACCESS nur, um durchgängige Beispiele mit Drei-D-Graphik zu bearbeiten. Und das ist schließlich nicht die schlechteste Möglichkeit, wie Sie hier sehen. Das jedoch können Sie jetzt bestens selbst entscheiden.

6.4 Die Installation

Wenn Sie freudiger Besitzer eines **IBM Color Graphic Displays** sind oder zu Ihrem normalen (oder Julia) **Monochrom Display** eine **Hercules Graphics Card** (oder eine kompatible Graphik–Karte) erworben haben, dankt OPEN ACCESS Ihnen das mit hervorragenden "Business–Graphic"–Bildern.

Allerdings müssen Sie Ihren Graphic Bildschirm OPEN ACCESS zuerst einmal vorstellen: danach kennt das Programm Ihre Konfiguration.

Die Hercules Graphics Card

Lediglich wenn Sie eine **Hercules Graphics Card** besitzen, müssen Sie das Ihrem IBM Personal Computer unbedingt noch vor jedem Start von OPEN ACCESS mitteilen, Ihr Computer weiß sonst nicht, daß er graphikfähig ist! Am besten legen Sie sich dazu eine kleine Kommandoprozedur an. Legen Sie die Hercules-Diskette in Laufwerk "B:", Ihre OPEN ACCESS Diskette Nummer 1 in das Laufwerk "A:" ein und tippen:

```
A>copy  b:hgc. *  a: (return)

1 file(s) copied

A>copy  con  a:open.bat (return)

hgc  full (return)

oa (return)

(ctrl)(z)  (return)
```

Das neue Kommando "open" richtet nun Ihre Graphics Card ein und startet danach OPEN ACCESS.

OPEN ACCESS Graphik konfigurieren

Da die Konfiguration des Programms nicht ganz einfach ist, schreiben wir Ihnen hier ein genaues Rezept auf, wie Sie dazu vorgehen müssen. Und weil Sie das ja nur einmal machen müssen, gehen wir mit Kommentaren sehr sparsam um!

-> Starten Sie Ihren Personal Computer mit DOS.

-> Legen Sie die OPEN ACCESS Diskette 1 in Laufwerk "A:"

-> Starten Sie OPEN ACCESS, geben Sie das Datum ein

-> Wählen Sie die Funktion Graphik

-> Legen Sie die Diskette 3 in Laufwerk "A:", die Diskette 6 in Laufwerk "B:" und drücken *(F10)*

Drücken Sie jetzt bitte folgende Tasten oder wählen Sie die (kursiv geschriebenen) Befehle mit den Pfeiltasten aus:

```
        Optionen (F10)

        Dienstprogramme (F10)

        Reserviert (F10)

Eingabe: install (F10) (F10)

Typ nicht vorhanden: (PgDn)
```

Nun bietet OPEN ACCESS Ihnen vier verschiedene Bildschirm-Treiber an:

```
        IBMCOLOR    .DRV
        IBMBW       .DRV
        HERCULES    .DRV
        COLRPLUS    .DRV
```

Wählen Sie mit den *(Pfeiltasten)* den zu Ihrem Rechner passenden Bildschirm-Typ aus und bestätigen Sie diese Auswahl mit *(F10)*.

Danach lesen Sie auf Ihrem Schirm:

... in Arbeit ...

Puh!

Das Fenster **Optionen** zeigt Ihnen an, daß die Installation fertig ist! OPEN ACCESS kennt nun bei jedem Start Ihre Konfiguration – Sie müssen sie erst wieder ändern, wenn Sie sich einen anderen Graphics Bildschirm zulegen. Wählen Sie nun eine Option, um mit OPEN ACCESS zu starten.

Druckertreiber für Graphik auf Datendiskette kopieren

Wollen Sie häufig Ihre schönen Diagramme auf Ihrem Drucker ausgeben, will OPEN ACCESS jedesmal die Datei PRTINFOD.SPI auf einer der Disketten im Laufwerk "A:" oder "B:" lesen. Da Sie jedoch die Diskette Nummer drei im Laufwerk "A:" und Ihre Datendiskette im Laufwerk "B:" liegen haben, wenn Sie Graphik erzeugen, sollten Sie vorher besagte Datei auf Ihre Datendiskette kopieren. Das geht (vor dem Start von OPEN ACCESS!) so:

->   Legen Sie die Diskette Nummer vier in das Laufwerk "A:", Ihre (formatierte) Datendiskette in das Laufwerk "B:".

->   Geben Sie folgendes Kommando:

A>copy a:prtinfod.spi b: (return)

Nun liest OPEN ACCESS bei jeder **Druckausgabe der Graphik** ohne weitere Angaben die Druckerbeschreibung für den Drucker, den Sie einmal in der Funktion Graphik ausgewählt haben, aus dieser Datei.

7 Einführung in die Programmierung mit Turbo–Pascal

7.1 Warum denn noch programmieren?

7.2 Notwendige Vorbereitungen

7.3 Einführung in Turbo–Pascal

7.4 Noch ein Programm!

7.5 TINST: Turbo–Tastatur für Profis

7.1 Warum denn noch programmieren?

Diese Frage drängt sich Ihnen geradezu auf, wenn Sie die vielen fertigen Programme sehen, die Sie für Ihren Rechner kaufen können. Bei Softwarekatalogen in Telefonbuchstärke gibt es doch sicher auch für Ihr Problem eine Lösung ?

Sicher gibt es die. Sie haben ja schon gesehen, was Word, Multiplan und dBase alles können. Aber dies sind allesamt Programme "von der Stange", die in erster Linie Standardprobleme lösen sollen; Ihre Sonderwünsche müssen dabei zwangsläufig auf der Strecke bleiben. Vielleicht haben Sie aber auch Glück und finden ein Produkt, das genau Ihren Wunsch erfüllt.

Doch was tun, wenn Sie kein Programm finden, das Ihren Anforderungen gerecht wird? Dann müssen Sie eben in den sauren Apfel beißen und selber ein Programm für Ihre ausgefallenen Wünsche erfinden. Und diesen Vorgang nennt man **Programmieren**.

Der **Programmierer** schreibt **Anweisungen** für eine Rechenanlage in einer **Programmiersprache** zu einem **Programm** zusammen. Die Rechenanlage kann das Programm zur Erledigung bestimmter Aufgaben später **ausführen**.

In diesem Kapitel wollen wir versuchen, Ihnen einen kleinen Vorgeschmack auf das zu geben, was Sie als Hobby-Programmierer erwartet. Keine Angst, Wir wollen keinen ausgefuchsten Programmierknecht aus Ihnen machen, sondern Ihnen zeigen , daß der Apfel auch süß schmecken kann, wenn man nur an der richtigen Stelle hineinbeißt. Wir möchten Ihnen also kleine (aber feine) Appetithäppchen servieren, die Sie dann vielleicht zum Weitermachen anspornen. Dazu müßten Sie sich dann ein ausführliches Pascal-Lehrbuch besorgen.

Warum Pascal?

Für den IBM-PC ist eine ganze Reihe von Programmierprachen, darunter BASIC, Pascal, Cobol, Fortran, Algol und C, erhältlich. Pascal ist eine Programmiersprache, die es Ihnen durch ihren Aufbau leicht macht, übersichtliche und zuverlässige Programme zu schreiben. Pascal-Programme haben eine starre Struktur, an die Sie sich beim Programmieren halten müssen. Diesem Umstand ist es zu verdanken, daß Sie sich in Ihren Programmen schnell wieder zurechtfinden, auch wenn Sie einige Wochen nicht damit gearbeitet haben.

Ein weiterer Vorteil von Pascal ist, daß es weitgehend standardisiert ist. Von kleineren Abweichungen abgesehen, läuft auf allen Rechnern der Welt das gleiche Pascal. Sie können Ihr Programm also ohne große Schwierigkeiten auf jedem Rechner ausführen, der Pascal "versteht".

Turbo-Pascal ist ein Ableger von "Standard-Pascal". Es zeichnet sich insbesondere aus durch:

-->   niedrigen Preis (komplett etwa 250 DM).

-->   schnelle und einfache Programmerstellung.

-->   einfache Programmausführung.

-->   leichte Fehlersuche und Korrektur.

7.2 Notwendige Vorbereitungen

Zunächst sollten Sie eine Sicherheitskopie Ihrer Turbo–Diskette anfertigen. Das Original kommt dann wie gehabt in den Panzerschrank.

Auf eine zweite, "mit Betriebssystem" formatierte Leerdiskette kopieren Sie bitte anschließend von der Turbo–Diskette die Dateien

```
TURBO.COM

TURBO.MSG

TINST.COM

TINST.MSG
```

und von Ihrer DOS–Diskette die Dateien

```
KEYBGR.COM

COMMAND.COM

WTDATIM.COM
```

Auf diese letzte Diskette kleben Sie nun ein Schildchen mit der Aufschrift: **"Meine Turbo–Arbeitsdiskette"**. Wenn Sie in Zukunft mit Turbo arbeiten, muß diese Arbeitsdiskette grundsätzlich im Laufwerk "A:" stecken. In Laufwerk "B:" kommt eine (vorerst noch) leere, formatierte Diskette mit der Aufschrift **"Pascal–Quelldateien"**.

In **Turbo** ist ein Textverarbeitungsprogramm (Editor) enthalten, mit dem Sie Ihre Programme schreiben und verändern können, also eine Art "Mini-Word". Leider sind nicht alle tollen Funktionen dieses Editors per Tastendruck erreichbar – vorerst jedoch kommen Sie mit der Standard-Tastaturbelegung aus. Nur wenn Sie gleich mit einer professionellen Turbo-Tastatur arbeiten wollen, lesen Sie Kapitel 7.5: dort stellen wir Ihnen das Tastaturbelegungsprogramm **TINST** vor.

7.3 Einführung in Turbo Pascal[1]

Sie haben's also geschafft! Das Programmieren kann losgehen. Tippen Sie bitte

```
A>turbo  (return)
```

Turbo meldet sich:

```
TURBO Pascal system        Version 3.01A
                                  PC-DOS
Copyright (C) 1983,84,85   BORLAND Inc.
------------------------------------------
Default display mode
Include error messages (Y/N)?
```

Geben Sie *(Y)* ein, damit **Turbo** Ihnen bei eventuellen Fehlern auf die Sprünge helfen und Ihnen zeigen kann, wo Sie welche Fehler beim Programmieren gemacht haben. Daraufhin wird das **Turbo-Hauptmenu** angezeigt, aus dem Sie alle Funktionen von **Turbo** auswählen können.

```
Logged drive: A
Active directory:

Work file:
Main file:

Edit      Compile  Run   Save
Dir       Quit  compiler Options

Text:     0 bytes
Free: 62635 bytes
```

---

1 Wir behandeln hier Version Turbo 3.01A; Borland International, 4585 Scotts Valley Drive, Scotts Valley, CA 95066

Zunächst stellen wir das Laufwerk (für Ihre Pascal–Quelldateien) auf "B:" um.

```
>L
New Drive :  b  (return)
```

Nun müssen Sie angeben, welchen Workfile[2] Sie benutzen wollen.

```
>W
Work file name: hallo   (return)
```

Der Editor

Geben Sie jetzt *(e)* ein, um den **Editor** aufzurufen.

Turbo versucht nun, die Datei hallo.pas von der Diskette in Laufwerk "B:" zu laden. Da es dort keine solche Datei gibt, wird eine neue (zunächst leere) erstellt. Sie befinden sich anschließend im Turbo-Editor. Ganz oben sehen Sie die sogenannte **Statuszeile** :

```
Line 1    Col 1   Insert     Indent  B:HALLO.PAS
```

Diese Zeile gibt an, in welcher Zeile und Spalte sich der Cursor befindet (Line, Col). Ganz rechts wird die momentan bearbeitete Datei angezeigt.

Tippen Sie jetzt Ihr erstes Pascal–Programm ein. Im Augenblick liegt uns vor allem daran, daß Sie lernen, mit dem "Handwerkszeug" umzugehen.

---

2 Workfile (sprich Uörk–Fail): engl. Arbeitsdatei.

Schreiben Sie also bitte einfach das untenstehende Programm ab, ohne sich Gedanken darüber zu machen, was das Programm später tun soll (vielleicht können Sie's aber auch gleich schon erraten?).

```
       Line 2    Col 8   Insert      Indent   B:HALLO.PAS

program hallo (output);

begin
  write ('Siehst Du, so einfach ist programmieren!')
end
```

Verlassen Sie bitte den Editor mit *(Ctrl–k) (Ctrl–c)*.

Der Compiler

Drücken Sie danach *(c)* für "compile". Dadurch wird das Programm so aufbereitet, daß es anschließend auf Ihrem Personal Computer ablaufen kann. Der **Compiler**[3] zeigt in der linken unteren Ecke laufend an, wie weit er mit dem Übersetzen ist.

```
Error 91: Unexpected end of source. Press <ESC>
```

Der Compiler meldet sich, um zu meckern. Offenbar ist in Ihrem Programm ein Fehler. Folgen Sie seiner Anweisung, drücken *(esc)*...

---

3 Der Compiler ist ein Dienstprogramm, das Ihr Pascal-Programm in die "Maschinen–Sprache" übersetzt –– denn nur diese kann Ihr PC verstehen.

... und schon sind Sie wieder im Editor, um den Fehler auszumerzen. Der Cursor steht an der Stelle, wo der Compiler den Fehler vermutet. Sie werden entschuldigen, daß wir Ihnen einen Fehler untergejubelt haben, aber so lernen Sie am besten, wie Sie sich sich in dieser Situation verhalten müssen. Jedes Pascalprogramm muß mit einem Punkt abgeschlossen werden. Fügen Sie ihn bitte hinzu.

Der Bildschirm sieht dann so aus:

```
    Line 2     Col 3    Insert      Indent   B:HALLO.PAS

program hallo (output);

begin
   write ('Siehst Du, so einfach ist programmieren!')
end.
```

So ist es richtig. ”Übersetzen” Sie das Programm erneut und starten es anschließend: *(Ctrl-k) (Ctrl-c) (c) (r)*.

```
    Siehst Du, so einfach ist programmieren!
```

Das Programm ist jetzt also fehlerfrei gelaufen und das Ergebnis steht auf dem Bildschirm (Neben einigen Hinweisen für Programmierer, die sich in ihrem Computer auskennen wie in ihrer Westentasche). Das sollte Sie aber (jetzt noch) nicht interessieren. Wie Sie den Bildschirm ”sauber” bekommen, zeigen wir in den nächsten Beispielprogrammen.

Seien Sie stolz! Sie haben Ihr erstes Programm zum Laufen gebracht.

Turbo beenden

Lassen Sie uns nun die erste Turbo–Sitzung beenden. Dazu drücken Sie die Taste *(q)* für "Quit".

Da Turbo sehr fürsorglich ist, meldet es daraufhin, daß Sie Ihr Programm noch gar nicht auf Diskette geschrieben haben.

```
Workfile B:HALLO.PAS not saved. Save (Y/N)?
```

Geben Sie bitte *(y)* ein. Damit sind Sie wieder im Betriebssystem. Anschließend sollten Sie wieder Laufwerk "A:" umstellen. Wissen Sie noch, wie's geht?

```
B>A: (return)
```

Die wichtigsten Funktionen des Turbo–Arbeitsplatzes

Work file	Einstellen der aktuellen Arbeitsdatei
Edit	Aufruf des Editors
Compile	Übersetzen der Programmquelle
Run	Starten des übersetzten Programms
Save	Speichern der Arbeitsdatei auf Diskette
Dir	Inhaltsverzeichnis einer Diskette
Quit	Ende der Turbo–Sitzung
compiler Options	Für Fortgeschrittene (sehen Sie bitte im Handbuch nach)

Wie Ihr Handwerkzeug funktioniert, wissen Sie jetzt in groben Zügen. Auf den folgenden Seiten werden wir uns daher mehr auf das konzentrieren können, was in den Programmen drinsteht.

Bauanleitung für Pascal-Programme

Pascal-Programme bestehen aus zwei Teilen, dem **Deklarationsteil** und dem
Anweisungsteil. Beide werden zusammengehalten durch die **Programmüberschrift**
und den **abschließenden Punkt** und getrennt durch ein **Semikolon**.

```
program irgendwas (input, output);

    Deklarationsteil;

    Anweisungsteil
```

Im Programm **hallo** haben Sie ja schon ein Beispiel für einen Anweisungsteil
kennengelernt. Jeder Anweisungsteil beginnt mit **begin** und hört mit **end** auf.
Direkt aufeinanderfolgende Anweisungen müssen durch ein **Semikolon**
voneinander getrennt werden[4].

```
begin
  Erste Anweisung;
  Zweite Anweisung;
  ....
  Letzte Anweisung
end
```

Im Deklarationsteil (der ist im ersten Programm noch nicht aufgetaucht) werden
all jene Dinge vereinbart, die später im Anweisungsteil verwendet werden.

Leerzeilen erhöhen die Übersichtlichkeit ungemein und sind in unbegrenzter
Anzahl erlaubt. Mit "Kommentaren" sollten Sie ebenfalls nicht geizen. Das ist
beliebiger Text, von "(*" bzw. "*)" oder von geschweiften Klammern
eingeschlossen. Sie dürfen (fast) überall im Programm stehen.

---

4 Wenn Sie mal nicht sicher sind, ob irgendwo noch ein Semikolon hingehört,
   überlegen Sie nicht lange: der Compiler wird's Ihnen schon sagen.

Konstanten und Variablen

Konstanten und Variable stellen Platzhalter dar, in denen Werte (Zahlen, Buchstaben, oder auch eine ganze Karteikarte) gespeichert werden können. Beide müssen vor dem "begin" des eigentlichen Programmes deklariert werden und haben auch sonst gleiche Eigenschaften. Einziger Unterschied: einer Variablen kann während des Programmablaufs ein Wert zugewiesen werden, während eine Konstante immer den Wert hat, der ihr im Deklarationsteil zugewiesen wurde.

Ein Beispiel: jeder Tag hat vierundzwanzig Stunden. Und solange die Erde sich dreht, wird das auch so bleiben. Klarer Fall: Konstante. Die momentane Uhrzeit dagegen ist alles andere als konstant. Schauen Sie auf Ihre Uhr: bei uns ist es gerade 0.01 Uhr, und bei Ihnen? Für die laufende Uhrzeit brauchen wir also eine Variable. Alles klar?

Konstante : Platzhalter für einen festen Wert

Variable : Platzhalter, dem verschiedene Werte
              zugewiesen werden können.

Beispiel

Dazu ein kleines Programm: starten Sie Turbo, stellen als Workfile "Mondflug" ein und starten den Editor. (Wenn Sie nicht mehr wissen, wie's geht:)

```
A>turbo (return)
Include error messages (Y/N)? (Y)
>L
New Drive: b (return)
>W
Work file name: mondflug  (return)
>e
```

Und nun geben Sie folgendes Programm ein:

```
        Line 1    Col 1    Insert      Indent   A:MONDFLUG.PAS
program mondflug (output);

const   ersterMondflug = 1969;
var     diesesJahr     : 0 .. 2500;

begin (* Hauptprogramm *)

  diesesJahr := 1985;

  writeln ('Der erste Mondflug fand im Jahre ',
           ersterMondflug, ' statt.');
  writeln ('Das ist schon ', diesesJahr - ersterMondflug,
           ' Jahre her.')

end. (* Hauptprogramm *)
```

Wenn Sie genau hinsehen, fällt Ihnen auf, daß bei der Deklaration der Variablen "diesesJahr" gleich noch mit angegeben wurde, welche Werte sie später einmal annehmen darf. (Hier: Zahlen zwischen 0 und 2500).

Hier noch das Ergebnis unseres "Mondflug"-Programms:

```
Der erste Mondflug fand im Jahre 1969 statt.
Das ist schon 16 Jahre her.
```

Write und Writeln

Mit diesen beiden Pascal-Anweisungen können ZAhlenwerte und Texte[5] auf den Bildschirm (oder ein anderes Ausgabegerät, z.B. Drucker oder Diskette) ausgegeben werden. Nach "writeln"[6] beginnt am Ausgabegerät eine neue Zeile, nach "write" nicht.

In die Klammern können beliebig viele Werte, Konstanten- und Variablennamen eingetragen werden, durch Kommas voneinander getrennt. Eine Zeichenfolge (in Anführungszeichen) wird beim Programmlauf "wörtlich" ausgegeben, während bei einem Konstanten- oder Variablennamen dessen Wert geschrieben wird.

Schleifen

Sicher haben Sie sich über Ihr erstes Programm gefreut, auch wenn es nicht direkt Sinn und Zweck der EDV ist, einen Satz einfach auf den Bildschirm zu schreiben. Das könnten Sie auf einer Schreibmaschine nämlich viel schneller. Und 1985 weniger 1969 hätten Sie im Kopf schneller ausgerechnet. Der Rechner kann seine Stärke erst dann ausspielen, wenn es darum geht, sich oft wiederholende Vorgänge hintereinander auszuführen.

---

5   Beliebige Zeichenkette, von Hochkommas eingeschlossen. (z.B. 'Dies ist ein Text'). Solch ein Text darf nicht länger als eine Zeile sein.

6   von: write-line (schreibe Zeile)

Lassen Sie uns jetzt also ein "richtiges" Problem mit Hilfe von Turbo–Pascal lösen: Unser nächstes Programm schreibt eine Sinuskurve auf den Bildschirm. Damit Sie nicht die Lust verlieren, zeigen wir zuerst einmal, wie das mit Turbo am einfachsten geht und erklären anschließend die Einzelheiten.

Und so soll das Programm aussehen :

```
        Line 1    Col 1    Insert     Indent    A:STERNE.PAS

program sterne (output);

var
  LaufX, X        :  1 .. 80;
  Y               :  1 .. 24;

begin
  clrscr;
  for LaufX := 1 to 80 do
    begin
      X := LaufX;
      Y := round (6 * sin (LaufX/8));
      gotoxy (X, Y);
      write ('*')
    end
end.
```

Jetzt können Sie das Programm übersetzen und starten: *(Ctrl–k) (Ctrl–c) (c) (r)*

Und das kommt dabei heraus:

Sie haben erkannt, wo etwas mehrfach ausgeführt wird: bei `for LaufX ...`

Eine Schleife besteht aus zwei Teilen, nämlich **Schleifenkopf** und **Schleifenrumpf**. Der Schleifenkopf hieße auf gut deutsch :

->   Nimm die **Schleifenvariable** her (bei uns: "LaufX")

->   weise Ihr einen **Anfangswert** zu (bei uns: 1)

->   erhöhe sie so oft um eins, bis der **Endwert** erreicht ist (bei uns: 80).

In Pascal heißt es :

```
for Schleifenvariable := Anfangswert to Endwert do
```

Für jeden Wert, den die Schleifenvariable annimmt, wird der Schleifenrumpf ausgeführt. Dies kann eine Pascal-Anweisung sein (z.B. write) oder mehrere, durch **begin** und **end** zusammengefaßte Anweisungen. Achtung: werden mehrere Anweisungen zusammengefaßt, dann müssen Sie durch ";" voneinander getrennt werden. Hier sehen Sie nochmal die ganze Schleife:

```
for LaufX := 1 to 80 do
    begin
      X := LaufX;
      Y := round (12 - 6 * sin (LaufX/8));
      gotoxy (X, Y);
      write ('*')
    end;
```

Bildschirmlöschen mit Clrscr[7]

Wenn an einer beliebigen Stelle im Anweisungteil Ihres Programms die
Anweisung **clrscr** steht, wird der Bildschirm gelöscht, wenn beim Programm-
ablauf diese Stelle erreicht wird. Das ist sehr angenehm, wenn die Bildschirm-
ausgabe Ihres Programms etwas hermachen soll. Oder wollen Sie dem späteren
Anwender zumuten, sich auf einem Bildschirm zurechtzufinden, der aussieht wie
"Kraut und Rüben"?

Gotoxy

Dieser Befehl schickt während des Programmablaufs die Schreibmarke an eine
beliebige Stelle auf Ihrem Bildschirm. Dabei bezeichnet x die Spalte (zwischen 1
und 80) und y die Zeile (1 bis 25). Schauen Sie im "Sternprogramm" nach:
Zuerst wird die Position des nächsten Sternchens ausgerechnet, anschließend
schieben wir den Cursor mit **gotoxy** an diese Stelle und schreiben es dann mit
write auf den Bildschirm.

---

7 Clrscr und Gotoxy sind Turbo-Erweiterungen, die bei anderen Pascal-
Dialekten anders heißen können.

Trunc und Round

Round kennen Sie schon aus unserem ”Sternprogramm”. Beide Funktionen wandeln eine Dezimalzahl in eine ganze Zahl um. **Trunc** schneidet alles nach dem Komma ab, während **round** auf- oder abrundet. Im ”Sternprogramm” haben wir **round** verwendet, weil **gotoxy** nur ganze Zahlen benutzen kann (Ihr Bildschirm kann eben nur ganze Zeichen schreiben).

Beispiel:

```
trunc (15.8)   ergibt 15
round (15.8)   ergibt 16
```

Read (oder: sprechen Sie mit Ihrem Rechner)

Bisher liefen alle Programme nach dem Start selbsttätig ab, Sie hatten also keinen Einfluß auf den Programmablauf. Wenn Sie Ihr Programm aber erst nach seinem Start mit Informationen füttern wollen, brauchen Sie die Anweisung **read**. Wenn Ihr PC beim Programmablauf auf **read** trifft, wartet er so lange, bis Sie etwas eintippen und mit *(return)* abschließen. **Read** weist der Variablen in der Klammer denjenigen Wert zu, den Sie auf Ihrer Tastatur eingetippt haben.

Auch dazu wieder ein einfaches Beispiel:

```
        Line 18   Col 3   Insert      Indent   B:RATEN.PAS
program raten (input, output);

var Eingabe, Zahl : integer;

begin
  clrscr;
  Zahl := random (99) + 1; (* Zufallszahl *)

  write ('Gib bitte eine Zahl zwischen 1 und 100 ein.  >');
  read (Eingabe);
  writeln;

  while Eingabe <> Zahl do
    begin

      if Eingabe > Zahl then
        write ('Zu groß!')
      else
        write ('Zu klein!');

      write (' Neuer Versuch :  >');
      read  (Eingabe);
      writeln
    end; (* while *)

  writeln ('Richtig!')
end.
```

Hier ein möglicher Programmablauf:

```
        Gib bitte eine Zahl zwischen 1 und 100 ein.  >50
        Zu klein! Neuer Versuch :  >75
        Zu klein! Neuer Versuch :  >83
        Zu klein! Neuer Versuch :  >95
        Zu klein! Neuer Versuch :  >99
        Zu groß! Neuer Versuch :  >97
        Richtig!
```

Mit Hilfe der Anweisung **read** kann Ihr Programm also von der Tastatur lesen. Mit einem **read**-Befehl können auch mehrere Variable auf einmal gelesen werden. Diese müssen dann durch Kommas voneinander getrennt werden (z.B. read (Zahl1, Zahl2)).

Sicher haben Sie erkannt, daß **random** eine Zufallszahl ergibt. Random (N) ergibt eine beliebige Zahl zwischen 0 und N. N muß eine ganze Zahl sein.

Im Rate-Programm finden Sie einen weiteren Schleifen-Typ, die **while-Schleife**:

```
while  Bedingung  do

    Anweisung
```

Die "Anweisung[8]" wird immer wieder ausgeführt, bis die Bedingung nicht mehr stimmt[9]. Im Rate-Programm hieße dies: bis die eingegebene Zahl die richtige ist.

Beispiele für Bedingungen:

```
Eingabe <> Zahl  ( <> heißt: ungleich)

Jahr  >= 1990  ( >= heißt: größer oder gleich)
```

---

8 Das können selbstverständlich wieder mehrere, durch "begin" und "end" zusammengefaßte Anweisungen sein.

9 Das kann, wenn Sie nicht aufpassen, bis zum St.-Nimmerleinstag dauern. Experten sprechen dann von einer Endlos-Schleife. Also Vorsicht!

Verzweigung im Programm: If .. Then .. Else

In das Rateprogramm haben wir noch ein wichtiges Sprachelement von Pascal eingebaut: die **zweiseitige Auswahl** oder auch Verzweigung mit IF..Then..Else genannt.

```
if Bedingung then

   erste Anweisung

else

   zweite Anweisung;
```

Wenn die **Bedingung** stimmt, wird die **erste Anweisung** ausgeführt, sonst die **zweite Anweisung**. Das Programm kann also zur Laufzeit des Programms entscheiden, was als nächstes zu tun ist. Dazu noch ein Beispiel:

```
read (eingabe);
if eingabe > 5 then
   write ('Die Zahl ist größer als 5.')
else
   write ('Die Zahl ist kleiner oder gleich 5.');
```

7.4 Noch ein Programm!

Wenn Ihnen unsere bisherigen Progrämmchen viel zu banal erschienen und Sie noch Tatendrang verspüren, haben wir ein weiteres Programm für Sie parat. In **Melodie** tauchen einige Sprachelemente auf, die wir noch nicht erklärt haben. Dabei wird's auch bleiben. Vielleicht verstehen Sie ja auch so, wie's funktioniert. Wenn nicht: es gibt ja genug Lehrbücher.

```
      Line 1     Col 3    Insert      Indent   B:MELODIE.PAS

   program melodie (input, output, musik);

     type name = string [66];

     var musik : text;
         hoehe : integer;
         dauer : integer;


     procedure ton (hoehe, dauer : integer);

       begin (* ton *)

         if hoehe in [0 .. 6] then
           sound (25000)    (* das ist ein Ton, den Sie *)
                            (* nicht hören können.      *)
         else
           sound(round(55*exp(1/12*ln(2)*(Hoehe+3)))));

         delay (dauer * 65);
         nosound
       end; (* ton *)
```

```
function DateiVorhanden : boolean;

  var DateiName : Name;

  begin (* DateiVorhanden *)
    writeln ('In welcher Datei stehen Ihre Noten ?');
    write ('-->');
    read (DateiName);
    writeln;
    Assign (musik, DateiName);
    (*$I-*)
    reset (musik);
    (*$I+*)
    DateiVorhanden := IOresult = 0
  end;  (* DateiVorhanden *)

begin  (* Hauptprogramm *)
  clrscr;
  if DateiVorhanden then
    while not eof (musik) do
      begin
        read (musik, Hoehe, Dauer);
        ton (Hoehe, Dauer);
      end
    else writeln ('Datei kann nicht gelesen werden.')
end    (* Hauptprogramm *)
```

Wenn Sie also Lust haben, tippen Sie das Programm ab. Daß es um Musik geht, haben Sie sicher schon bemerkt. Das Programm allein kann aber noch nichts spielen. Dazu müssen Sie wie bie einem Plattenspieler erst noch eine Schallplatte auflegen. Wir haben für Sie den Yankee doodle ausgesucht. Geben Sie als Workfile bitte an:

```
work file name: b:doodle.mus (return)
```

Was dann kommt, sieht zwar eher aus wie Ihre Gasrechnung, aber Ihr Personal Computer kann daraus wirklich Musik "herstellen". Tippen Sie die Zahlen also ganz genau ab. Eine einzige falsche Zahl –– und von der Musik bleibt nur noch ein übles Gekrächze!

```
Line 1      Col 3     Insert      Indent    B:DOODLE.MUS

50 3   50 3   52 3   54 3   50 3   54 3   52 3   45 3
50 3   50 3   52 3   54 3   50 6   49 3    0 3   50 3
50 3   52 3   54 3   55 3   54 3   52 3   50 3   49 3
45 3   47 3   49 3   50 6   50 3    0 3   47 5   49 1
47 3   45 3   47 3   49 3   50 3    0 3   45 5   47 1
45 3   43 3   42 6   45 3    0 3   47 5   49 1   47 3
45 3   47 3   49 3   50 3   47 3   45 3   50 3   49 3
52 3   50 6   50 6
```

Speichern Sie die Zahlen ab: *(Ctrl–k) (Ctrl–c) (s)*. Wenn in der Datei **melodie.pas** das obige Programm steht, dann kann's jetzt losgehen. Tippen Sie bitte:

```
>w
Work file name: melodie (return)
>c
>r
In welcher Datei stehen Ihre Noten ?
-->b:doodle.mus (return)
```

Ausblick

Wie Sie am Turbo-Handbuch sehen, kann man allein mit der Aufzählung aller Turbo-Sprachmittel einen dicken Wälzer füllen. Dazu kommt dann noch einmal ein Pascal-Lehrbuch in etwa der gleichen Stärke. Sie werden also verzeihen, daß wir auf diesen wenigen Seiten nur Anregungen geben konnten.

Wenn Sie etwas Freude an Pascal gefunden haben, kaufen Sie sich bitte ein gutes[10] Lehrbuch und arbeiten es durch.

Ein Tip zum Schluß: Spielprogramme sind nicht der schlechteste Weg, ordentlich Programmieren zu lernen; denn was Spaß macht, reizt zum Weitermachen. Vielleicht geht es Ihnen dann wie dem Verfasser, der manche Nacht mit dem Erfinden von Programmen wie Schiffeversenken und Tischtennis verbracht hat.

---

10 "Gut" soll heißen : verständlich und übersichtlich.

7.5 TINST: Turbo–Tastatur für Profis

Sie sind also eine(r) der ganz Eiligen und wollen von vornherein mit einer
"ordentlichen" Tastaturbelegung anfangen. Fangen wir also gleich damit an:

Stecken Sie Ihre Turbo–Arbeitsdiskette in Laufwerk "A:" und tippen den Befehl

```
A>tinst  (return)
```

Wenn Sie das richtig getan haben, sieht der Bildschirm so aus[11] :

```
            TURBO Pascal installation menu.

        Choose installation item from the following:


    (S)creen type (C)ommand instal.  (M)sg file path (Q)uit
```

Wenn Sie einen IBM–PC besitzen, können Sie die erste Möglichkeit *(S)*
vergessen. Sonst schlagen Sie bitte im Turbo–Handbuch nach, was es damit auf
sich hat. Wenn Sie Ihre Turbo–Arbeitsdiskette "richtig" angelegt haben, erübrigt
sich *(M)* ebenfalls.

Drücken Sie jetzt bitte die Taste *(C)*. Dann erscheint auf dem Bildschirm:

```
CURSOR MOVEMENTS:

 1:  Character left                    <ESC> K  ->
```

---

11 Ältere Turbo–Versionen können sich geringfügig unterscheiden.

Das Programm **TINST** möchte also von Ihnen wissen, mit welcher Taste Sie später die Schreibmarke ein Zeichen nach links schicken wollen. Kümmern Sie sich bitte nicht darum, welch sonderbare Zeichen[12] vor dem Pfeil stehen. Tippen Sie bitte unsere Vorschläge der Reihe nach ab.

Wir haben für Sie eine Tastenbelegung zusammengestellt, die sich als bequem erwiesen hat. Das soll aber nicht heißen, daß Sie für immer damit arbeiten müssen. Sollten Sie später einmal merken, daß Ihnen etwas an dieser Belegung nicht gefällt, können Sie **TINST** erneut starten und alles wieder ändern.

Unsere Vorschläge lauten[13]:

```
CURSOR MOVEMENTS:

 1:  Character left->   (Pfeil links)(return)

 2:     Alternative->   (-)

 3:  Character right->   (Pfeil rechts)(return)

 4:  Word left->   (Ctrl-Pfeil links)(return)

 5:  Word right->   (Ctrl-Pfeil links)(return)

 6:  Line up->   (Pfeil hoch)(return)

 7:  Line down->   (Pfeil runter)(return)

 8:  Scroll down->   (-)

 9:  Scroll up->   (-)

10:  Page up->   (PgUp)(return)

11:  Page down->   (PgDn)(return)

12:  To left on line->   (Home)(return)

13:  To right on line->   (End)(return)
```

---

12 Wir werden sie bei der nachfolgenden Auflistung einfach weglassen.

13 Für die Version Turbo 3.01A

14: To top of page-> (*Ctrl–Home)(return)*

15: To bottom of page-> (*Ctrl–End)(return)*

16: To top of file-> (*Ctrl–PgUp)(return)*

17: To end of file-> (*Ctrl–PgDn)(return)*

18: To begining of block-> (*Alt–F1)(return)*

19: To end of block-> (*Alt–F2)(return)*

20: To last cursor position -> (*esc)(esc)(return)*

INSERT & DELETE:

21: Insert mode on/off-> (*Ins)(return)*

22: Insert line-> (*Alt–F7)(return)*

23: Delete line-> (*Alt–F8)(return)*

24: Delete to end of line-> (*Shift–F8)(return)*

25: Delete right word-> (*–)*

26: Delete char. under cursor-> (*Del)(return)*

27: Delete left character-> (*Rücktaste)(return)*

28:    Alternative-> (*–)*

BLOCK COMMANDS:

29: Mark block begin-> (*F1)(return)*

30: Mark block end-> (*F2)(return)*

31: Mark single word-> (*–)*

32: Hide/display block-> (*–)*

33: Copy block-> (*F3)(return)*

34: Move block-> (*Alt–F3)(return)*

35: Delete block-> (*Alt–F4)(return)*

36: Read block from disk-> (*F5)(return)*

37: Write block to disk-> (*F5)(return)*

```
MISC. EDITING COMMANDS:

38:  End edit->  (F10)(return)

39:  Tab->  (Tab.-Taste)(return)

40:  Auto tab on/off->  (-)

41:  Restore line->  (-)

42:  Find->  (F7)(return)

43:  Find & replace->  (F8)(return)

44:  Repeat last find->  (Alt-F7)(return)

45:  Control char. prefix->  (-)
```

```
+--------------------------------------------------------+
|                                                        |
|          TURBO Pascal installation menu.               |
|                                                        |
|     Choose installation item from the following:       |
|                                                        |
|                                                        |
|  (S)creen type  (C)ommand instal. (M)sg file path (Q)uit |
|                                                        |
+--------------------------------------------------------+
```

Wenn der Bildschirm jetzt wieder so aussieht, sind Sie fertig. Beenden Sie **TINST** mit *(Q)*.

Sollten Sie sich dagegen vertippt haben, müssen Sie die ganze Prozedur nochmal von vorn beginnen. Solange das Programm **TINST** nicht fehlerfrei abgeschlossen ist, kann **Turbo** nicht arbeiten.

Teubner Studienbücher

Informatik

Berstel: **Transductions and Context-Free Languages**
278 Seiten. DM 38,– (LAMM)

Beth: **Verfahren der schnellen Fourier-Transformation**
316 Seiten. DM 34,– (LAMM)

Bolch/Akyildiz: **Analyse von Rechensystemen**
Analytische Methoden zur Leistungsbewertung und Leistungsvorhersage
269 Seiten. DM 29,80

Dal Cin: **Fehlertolerante Systeme**
206 Seiten. DM 24,80 (LAMM)

Ehrig et al.: **Universal Theory of Automata**
A Categorical Approach. 240 Seiten. DM 24,80

Giloi: **Principles of Continuous System Simulation**
Analog, Digital and Hybrid Simulation in a Computer Science Perspective
172 Seiten. DM 25,80 (LAMM)

Kupka/Wilsing: **Dialogsprachen**
168 Seiten. DM 21,80 (LAMM)

Maurer: **Datenstrukturen und Programmierverfahren**
222 Seiten. DM 26,80 (LAMM)

Oberschelp/Wille: **Mathematischer Einführungskurs für Informatiker**
Diskrete Strukturen. 236 Seiten. DM 24,80 (LAMM)

Paul: **Komplexitätstheorie**
247 Seiten. DM 26,80 (LAMM)

Richter: **Logikkalküle**
232 Seiten. DM 24,80 (LAMM)

Schlageter/Stucky: **Datenbanksysteme: Konzepte und Modelle**
2. Aufl. 368 Seiten. DM 34,– (LAMM)

Schnorr: **Rekursive Funktionen und ihre Komplexität**
191 Seiten. DM 25,80 (LAMM)

Spaniol: **Arithmetik in Rechenanlagen**
Logik und Entwurf. 208 Seiten. DM 24,80 (LAMM)

Vollmar: **Algorithmen in Zellularautomaten**
Eine Einführung. 192 Seiten. DM 23,80 (LAMM)

Weck: **Prinzipien und Realisierung von Betriebssystemen**
2. Aufl. 299 Seiten. DM 34,– (LAMM)

Wirth: **Compilerbau**
Eine Einführung. 3. Aufl. 117 Seiten. DM 17,80 (LAMM)

Wirth: **Systematisches Programmieren**
Eine Einführung. 5. Aufl. 160 Seiten. DM 23,80 (LAMM)

Preisänderungen vorbehalten

 B. G. Teubner Stuttgart

Leitfäden der angewandten Informatik

Bauknecht / Zehnder: **Grundzüge der Datenverarbeitung**
Methoden und Konzepte für die Anwendungen
3. Aufl. 293 Seiten. DM 32,–
Beth / Heß / Wirl: **Kryptographie**
205 Seiten. Kart. DM 24,80
Bunke: **Modellgesteuerte Bildanalyse**
309 Seiten. Geb. DM 48,–
Craemer: **Mathematisches Modellieren dynamischer Vorgänge**
288 Seiten. Kart. DM 36,–
Frevert: **Echtzeit-Praxis mit PEARL**
216 Seiten. Kart. DM 28,–
Gorny/Viereck: **Interaktive grafische Datenverarbeitung**
256 Seiten. Geb. DM 52,–
Hofmann: **Betriebssysteme: Grundkonzepte und Modellvorstellungen**
253 Seiten. Kart. DM 34,–
Hultzsch: **Prozeßdatenverarbeitung**
216 Seiten. Kart. DM 22,80
Kästner: **Architektur und Organisation digitaler Rechenanlagen**
224 Seiten. Kart. DM 23,80
Mresse: **Information Retrieval — Eine Einführung**
280 Seiten. Kart. DM 36,–
Müller: **Entscheidungsunterstützende Endbenutzersysteme**
253 Seiten. Kart. DM 26,80
Mußtopf / Winter: **Mikroprozessor-Systeme**
Trends in Hardware und Software
302 Seiten. Kart. DM 29,80
Nebel: **CAD-Entwurfskontrolle in der Mikroelektronik**
211 Seiten. Kart. DM 32,–
Retti et al.: **Artificial Intelligence — Eine Einführung**
X, 214 Seiten. Kart. DM 32,–
Schicker: **Datenübertragung und Rechnernetze**
2. Aufl. 242 Seiten. Kart. DM 32,–
Schmidt et al.: **Digitalschaltungen mit Mikroprozessoren**
2. Aufl. 208 Seiten. Kart. DM 23,80
Schmidt et al.: **Mikroprogrammierbare Schnittstellen**
223 Seiten. Kart. DM 32,–
Schneider: **Problemorientierte Programmiersprachen**
226 Seiten. Kart. DM 23,80
Schreiner: **Systemprogrammierung in UNIX**
Teil 1: Werkzeuge. 315 Seiten. Kart. DM 48,–
Singer: **Programmieren in der Praxis**
2. Aufl. 176 Seiten. Kart. DM 26,–
Specht: **APL-Praxis**
192 Seiten. Kart. DM 22,80
Vetter: **Aufbau betrieblicher Informationssysteme
mittels konzeptioneller Datenmodellierung**
2. Aufl. 317 Seiten. Kart. DM 34,–
Weck: **Datensicherheit**
326 Seiten. Geb. DM 42,–
Wingert: **Medizinische Informatik**
272 Seiten. Kart. DM 23,80
Wißkirchen et al.: **Informationstechnik und Bürosysteme**
255 Seiten. Kart. DM 26,80
Zehnder: **Informationssysteme und Datenbanken**
255 Seiten. Kart. DM 32,–
Zehnder: **Informatik-Projektentwicklung**
223 Seiten. Kart. DM 32,–

Preisänderungen vorbehalten

 B. G. Teubner Stuttgart 1985

MikroComputer–Praxis Fortsetzung

Löthe/Quehl: **Systematisches Arbeiten mit BASIC**
2. Aufl. 188 Seiten. DM 21,80

Lorbeer/Werner: **Wie funktionieren Roboter**
In Vorbereitung

Mehl/Stolz: **Erste Anwendungen mit dem IBM-PC**
284 Seiten. DM 26,80

Menzel: **BASIC in 100 Beispielen**
4. Aufl. 244 Seiten. DM 24,80

Menzel: **Dateiverarbeitung mit BASIC**
237 Seiten. DM 28,80

Menzel: **LOGO in 100 Beispielen**
234 Seiten. DM 23,80

Mittelbach: **Simulationen in BASIC**
182 Seiten. DM 23,80

Nievergelt/Ventura: **Die Gestaltung interaktiver Programme**
124 Seiten. DM 23,80

Ottmann/Schrapp/Widmayer: **PASCAL in 100 Beispielen**
258 Seiten. DM 24,80

Otto: **Analysis mit dem Computer**
239 Seiten. DM 23,80

v. Puttkamer/Rissberger: **Informatik für technische Berufe**
Ein Lehr- und Arbeitsbuch zur programmierbaren Mikroelektronik
284 Seiten. DM 23,80

Weber/Wehrheim: **PASCAL-Programme im Physikunterricht**
In Vorbereitung

MikroComputer–Praxis
DISKETTEN

Die nachstehenden Disketten (5 ¹/₄ Zoll) enthalten die Programme der gleich-
namigen zugehörigen Bücher, wobei Verbesserungen oder vergleichbare
Änderungen vorbehalten sind.

Duenbostl/Oudin/Baschy: **BASIC-Physikprogramme 2**
Diskette für Apple II   Empf. Preis DM 52,—
Diskette für C 64 / VC 1541, CBM-Floppy 2031, 4040; SIMON'S BASIC
Empf. Preis DM 52,—

Erbs: **33 Spiele mit PASCAL**
. . . und wie man sie (auch in BASIC) programmiert
Diskette für Apple II; UCSD-PASCAL   Empf. Preis DM 46,—

Grabowski: **Computer-Grafik mit dem Mikrocomputer**
Diskette für C 64 / VC 1541; CBM-Floppy 2031, 4040   Empf. Preis DM 48,—
Diskette für CBM 8032, CBM-Floppy 8050, 8250; Commodore-Grafik
Empf. Preis DM 48,—

MikroComputer–Praxis Fortsetzung
DISKETTEN

Grabowski: Textverarbeitung mit BASIC
Diskette für CBM 8032, CBM-Floppy 8050, 8250   Empf. Preis DM 44,–

Hainer: Numerik mit BASIC-Tischrechnern
Diskette für C 64 / VC 1541; CBM-Floppy 2031, 4040   Empf. Preis DM 48,–
Diskette für IBM-PC; DOS 2.0   Empf. Preis DM 48,–

Hoppe/Löthe: Problemlösen und Programmieren mit LOGO
Ausgewählte Beispiele aus Mathematik und Informatik
Diskette für Apple II; IWT-LOGO   Empf. Preis DM 42,–
Diskette für C 64 / VC 1541; CBM-Floppy 2031, 4040   Empf. Preis DM 42,–

Koschwitz/Wedekind: BASIC-Biologieprogramme
Diskette für Apple II; DOS 3.3   Empf. Preis DM 46,–
Diskette für C 64 / VC 1541; CBM-Floppy 2031, 4040   Empf. Preis DM 46,–

Lehmann: Projektarbeit im Informatikunterricht
Entwicklung von Softwarepaketen und Realisierung mit PASCAL
Diskette „ZINSY" (Zeitschriften-Informationssystem) für Apple II; UCSD-PASCAL
Empf. Preis DM 46,–
Diskette „MUCHO" (Multiple Choice-Test) für Apple II; UCSD-PASCAL
Empf. Preis DM 46,–

Lehmann: Lineare Algebra mit dem Computer
Diskette für Apple II; UCSD-PASCAL   Empf. Preis DM 46,–

Menzel: BASIC in 100 Beispielen
Diskette für Apple II; DOS 3.3   Empf. Preis DM 42,–
Buch mit Beilage Diskette für CBM-Floppy 8050, 8250   DM 62,–
Diskette für C 64 / VC 1541; CBM-Floppy 2031, 4040   Empf. Preis DM 42,–

Menzel: Dateiverarbeitung mit BASIC
Diskette für Apple II; DOS 3.3 bzw. CP/M   Empf. Preis DM 48,–
Diskette für C 64 / VC 1541; CBM-Floppy 2031, 4040; bzw. für CBM 8032,
CBM-Floppy 8050, 8250   Empf. Preis DM 48,–

Menzel: LOGO in 100 Beispielen
Diskette für Apple II; MIT-Logo, dt. IWT-Version   Empf. Preis DM 42,–
Diskette für C 64 / VC 1541; CBM-Floppy 2031, 4040   Empf. Preis DM 42,–

Mittelbach: Simulationen in BASIC
Diskette für Apple II; DOS 3.3   Empf. Preis DM 46,–
Diskette für C 64 / VC 1541; CBM-Floppy 2031, 4040   Empf. Preis DM 46,–
Diskette für CBM 8032, CBM-Floppy 8050, 8250   Empf. Preis DM 46,–

Nievergelt/Ventura: Die Gestaltung interaktiver Programme
Buch mit Beilage Diskette für Apple II; UCSD-PASCAL   DM 62,–

Ottmann/Schrapp/Widmayer: PASCAL in 100 Beispielen
Diskette für Apple II; UCSD-PASCAL   Empf. Preis DM 48,–

Die Reihe wird durch weitere Bände und Disketten fortgesetzt.

Preisänderungen vorbehalten

 B. G. Teubner Stuttgart